金鳌玉蝀属

田国英 著

中国建筑工业出版社

古稀回眸，温故知新。

谨以此书献给老师和同学们。

2014年5月27日又记。

论 文 提 要

　　北京六海，即北海、中海、南海及什刹前海、什刹后海、积水潭。本文对六海园林水系的历史价值、现状矛盾、规划设想三方面进行了初步研究，作为北京旧城改建总题目的一部分，从城市规划的角度进行了探讨。

　　北京六海分为前三海和后三海两部分，历史上分别作为皇家苑林和运河码头，后来又成为都城内两大游憩中心。六海是劳动人民智慧与血汗的结晶，在北京城市建设史上占有重要地位。

　　解放后，中南海成为党中央、国务院的所在地，北海成为城区最美的公园。这里湖光塔影，碧波千顷，与金碧辉煌、庄严规整的北京中轴线上的建筑群，相映增辉。六海风景秀丽、文物荟萃，是古城中心区的一串明珠。

　　规划中拟对于六海文物、风景区分级加以妥善保护，并作为现代化首都的园林绿地加以美化和建设。整个北京城就是一个大文物。规划中拟把整个皇城建设成为一个政治中心兼文物古迹中心，并把园林绿地与文物古迹结合起来，把北京中轴线与六海风景线联系起来，成为北京城区文物古迹、园林绿地的主干，使整个北京的古迹与绿地形成一个完整的体系，成为进行爱国主义和历史唯物主义教育的好地方。

序　笔耕心田、风采国英！

▲ 俗话讲：雁过留声人过留名。没错，人活一辈子总会有点声息痕迹。当《自嘲》"廿载寒窗苦读书、百战考场未曾输"的田国英又要赢了——他要出书而且是一气呵成三本书！！我想他用此举留声、留名、留芳……这可能要比他的留嘱：百年后骨灰由女儿们抛撒到北京四个景点以及定兴、天津、邯郸、西安等一共八处风水宝地也更要高明和现实。

▲ 岁月如刀光阴似箭。古稀回眸往事历历，一个人从呱呱坠地到长长一天、从牙牙学语到喋喋不休，真是瞬间刹那。我们这伙曾经风华正茂、年少气盛的清华建五同学竟然也都七老八十、行将就木了。趁一息尚存还能自言自语、狂言自谓"咱们老九依旧是国家宝贝"恐怕也不为过。我们先辈对起名字的学问颇有讲究，光是咱们班上带国字号的大名就可以数一、数二、数三……瞧！M国馨（温馨芬芳）、C国桀（砥柱栋梁）当然还有T国英（花朵放香）。国人姓名不仅是一种符号、称道、标识，而且蕴富涵寓意、祈望、缘份。记得刚进清华的"硬结"谜语：大不列颠耕地"（打一同学姓名·卷帘格）让我与田国英结识投缘。时光流水，君子之交也淡如水，而近年有幸陵上同行、狼狈同居、苦乐同甘、诗联同吟、顺风同车……才发现田兄是一个极其勤快的人，几乎一刻不停地在勤勉工作、勤奋搜索、勤俭生活、勤力开拓……不信？！那从头讲起吧——

▲ 1. 脑勤。即使前些年来结肠癌捕得死去活来，还不时追忆搜索其先人卒龄病因，而在开刀、化疗、灌药、调养时又发明推算自己72.7岁终寿的公式。（可惜杜撰商榷否则……）2. 手勤。国英一向信奉好记性不如烂笔头，永保清贫学生本色，外出除手机相机外，纸和笔从不离身，信手拈来又快又准，退而不休，病也不息，经自立每周一诗一文，一通一通地破（性）指标，抛开尘世一○八种烦恼，要遍述出古今中外一○八处建筑胜迹……（仍在挣扎进行之中！）3. 口勤。北京爷价儿一口京片子，他极善于讲述表白娓娓道来，事无巨细前因后果来龙去脉派生支节都不胜其繁清晰交代，我俩曾同舍下榻入夜乏聊，通常是他紧握话权不放，口若悬河抑扬顿挫坐一片苦口婆心能把俺送进酣然梦境……（胜似安神催眠药）4. 眼勤。国英慧眼识美，眼观六路极目八方，即使一处毫不起眼的犄角旮旯儿他也能发现美景妙处，见多识广胸有成竹天长日久练就一双火眼金睛，辨识善恶，判断真伪，看清是非见怪不怪，佯佯痢且养神时他的瞳仁还在审视天地万象、人间百态。（慧眼法眼、还好眼从不目中无人！）5. 腿勤。读万卷书，或许没差几本！行万里路，国英早超额完成！学骑汽车自驾游，在建五人中他最快、最牛，进西藏的次数他最早、最多，拔腿携助男女同学踏青揽胜他最诚、最痴……（腿太勤了、活该当苦力"被役使"！）6. 杂勤……空穴来风道听途说有关咱田兄罗曼蒂克、风花雪月的小道八卦、勤快逸事，就算事出有因查没实据也都是无稽之谈。所以此处一併省略了！（国宝英才的光辉形象岂容受损？）

▲ 所以，若无田兄持之（志）以恒（狠）的勤，也就没有

今天我们看到的国英笔记、国英论文、国英书画等作品。尤其浏览拜读他年逾不惑当研究生时所汇集的讲义笔记,那一页页田体行书里的笔划字句,他所誊写的不仅仅是授业导师的教材知识、学问、经验,似乎还蕴含有长辈学者的风格人品、音容、语境;甚至还能感受到那特定时段、空间的气场、情绪、氛围、背景。

▲ 田国英手书集著,犹如当年黑白无声字幕的实况录像,会把读者带回到那个苦读求学奋发上进的峥嵘岁月。若借用歌唱可分"美声、民族、通俗"……的说法,国英兄的三本书就可谓"原生态"的出版物!他那秀丽流畅的硬笔手书是宝贵真迹、是实地采风的优雅音符,慢慢看、细细听、好好品,别具一格不同凡响!!绝无今日大批量考研读博难免滥竽充数、作秀假唱走过场之嫌。

▲ 国英自谦"拙匾旮旯下":"凡事低调不思张扬,在下屡屡忽悠激将,诚挚盼望,终于,始闻大作书香。尽管夕阳西下,古榆回眸并非一切都是过眼烟云、空寂虚无,至少国英这三本书是实实在在的,国英这个人是认认真真的,国英同窗们是亲亲热热的。

俺想要说的还有很多很多,干脆打油一则,结束饶舌。

勤奋读书娃,
四中晋清华.
田家有国英,
难得一奇葩.
出书三大本,
心血没白花!

（庞朝  2014.6.21）

目录

北京六海园林水系的过去、现在与未来

研究生：　田国英

教研组：　城市规划

导　师：　朱自煊

一 九 八 二 年 五 月

引　　言

伟大祖国有九百六十万平方公里的土地，幅员辽阔，山河壮丽；祖国的心脏，我们的首都北京，一万六千八百平方公里的土地上，宫阙巍峨、河湖映带、文物荟萃、古迹众多，这里有一个六十二平方公里的古城，它已有近千年的建都历史。

古城中心有一条近八公里长的中轴线，南起永定门经过正阳门到雄伟的天安门广场，穿过金碧辉煌的故宫建筑群，越过景山，终止于鼓楼、钟楼。

在这条举世闻名、严谨对称的中轴线西侧，有着一百二十公顷湖面，波光潋艳、风景绮丽，湖岸线曲折绵延十五公里。这条直线距离近六公里长的水上风景线，自由活泼、婀娜多姿，与八公里长的中轴线，交相辉映、相得益彰。这就是北京六海园林水系（图1）。

图1　北京中轴线与六海

图2　中海、水云榭中太液秋风碑

从长安街上的新华门进入南海、中海，隔着金鳌玉蝀桥远眺北海，湖光塔影碧波千顷。北京八景中的"太液秋风"和"琼岛春阴"就在前三海（图2、3、4）。

过西压桥与北海相望的是什刹前海，再过银锭桥，水面折向西北，这就是什刹后海与积水潭了，与什刹前海统称"后三海"。银锭桥上可见"西山晴雪"，亦为北京八景之一。此处称"银锭观山"。北京八景中的"金台夕照"和"蓟门烟树"已名存实亡。其余数景多在远郊，如"芦沟晓月"、"居庸叠翠"和"玉泉垂虹"（图5、6）。唯独六海就在古城中心区，就近观赏六景中的三景，得到了"城市山林"和"咫尺山林"的妙处，在旅游和景观上都具有很高的价值。

图3 前三海鸟瞰

不仅如此，六海在北京城市建设史上也占有特殊的地位。历代人民为解决都城的水源、水运、园林、绿化问题进行了长期不懈的努力，在北京这样一个缺水的大城市中心区开发了六海，这也是非常难能可贵的。

古都北京是世界都市计划的无比杰作，是我们的国宝；而六海园林水系是镶嵌在国宝上的一串明珠，这是一份珍贵的历史遗产。解放后，中南海成为党中央、国务院的所在地，是毛主席、周总理等老一辈革命家居住过的地方，是人们敬仰与向往的地方，所以它又是一分珍贵的革命文物。北海既是国家重点文物保护单位，又是城区最好的公园。后三海曾经是京杭大运河的终点，四周多是寺庙王府、文物古迹、又紧靠鼓楼商业街，历史上就是市民游憩的繁华场所，今天正等待我们去进一步开发美化（图7）。

千年古都北京已经成为人民首都，全国的政治、文化中心，国际交往的中心，工业、交通发达的特大城市。在四化进程中首都正在发生日新月异的变化。而居住拥挤、环境污染、绿地缺乏、水源紧张、文物破坏等种种矛盾也已亟待解决了。

本文试图从研究六海园林水系的历史沿革入手，了解它的珍贵历史价值；通过分析它的现状矛盾，找出问题所在；在了解历史与现状的基础上，展望未来，进行规划，确定六海的性质、范围、保护区，使其成为首都中心区的一个文物古建、园林绿地的综合体。

图4 北海"琼岛春阴"

图 5　玉泉垂虹

图 6　卢沟晓月

本文是在导师朱自煊先生直接指导下写成的，同时又得到吴良镛先生、朱畅中先生和其他老师的亲切指导，并得到北京市规划局、园林局等单位的大力帮助，在此一并表示衷心感谢。由于时间和能力所限，本文只能对北京旧城改建科研课题中的一部分进行初步探讨，错漏不当之处，希望各位老师和同志们指正。

一九八二年四月

图 7　什刹海望钟、鼓楼

第一部分
六海的历史与价值

一．六海的历史、沿革

(一) 前三海：北海、中海、南海

公元十世纪初辽代在北海建"瑶屿"行宫。金大定十九年（1179年）开始形成较大规模的园林，到现在已有八百多年的历史了。当时利用这里有小山、水池等自然条件，以琼华岛为中心环湖兴建离宫，称大宁宫，离宫中有琼林苑，有宁德宫，横翠殿，西园中有瑶光台、瑶光楼。并在山顶修建广寒殿。同时将宋朝御苑"艮嶽"的太湖石从开封运来，点缀琼华岛上（图8）。[①]

图 8　北海琼华岛鸟瞰

元代称北海、中海为太液池。池中有琼华岛，至元八年（1271年）改名万寿山。"其山皆用玲珑石堆叠，峰峦掩映，松桧隆郁，秀若天成。"池中另一小岛叫瀛洲或圆坻，即现在的团城。十三世纪初，元世祖忽必烈在山顶重建"广寒殿"。元代三次扩建琼华岛，并以此为中心兴建大都城。岛南岸有白玉石桥长二百余尺，正南通瀛洲仪天殿。东岸又一石桥长七十六尺、宽四十一尺半，桥上半为石渠作为东岸金水河的渡槽，引水至岛，然后"转机运斛"汲水至万寿山顶，从石龙口喷出，最后仍流注太液池。山顶除广寒殿外，还有仁智殿、荷叶殿、方壶亭、瀛洲亭等建筑。形成了今日北海的基本格局。这里成为全城的制高点，也是自然风景的中心（图9）。[②]

明代迁都北京后，在太液池南端又开凿南海。当时与北海、中海统称西苑。水称"金海"。山称万寿山。明代盛时，琼华岛上的建筑大致仍与元代相同，但环湖增添了不少建筑。明朝天顺元年至四年（1457至1460年），在太液池东岸临水建凝和殿，西岸与琼岛相对建迎翠殿，西南岸建太素殿等。正德年间重修太素殿，费银二十万两，役使军匠三千余人。嘉靖年间在北闸口，建洪应殿、西海神祠。现存的五龙亭

---

① 《北平考》卷三．金 离宫 地理志。

② 以上皆见侯仁之先生著《元大都城与明清北京城》和清．高士奇著《金鳌退食笔记》卷上。

即始建于明万历三十年(1602年)，已有近四百年的历史(参见《明宫史》及《金鳌退食笔记》)。

　　清代三海规模未变，但建筑变化较大，顺治八年(1651年)在广寒殿旧址修建了白塔，并拆除了四周的亭子，琼华岛改称"白塔山"，并在山的南坡修建永安寺。现存白塔是1731年(雍正九年)重建的。1741年至1770年(乾隆六年至三十六年)又进行了大规模的兴建，前三海现存建筑大部分建于清代。

　　清代高士奇在《金鳌退食笔记》中说："太液池，旧名西海子。"乾隆十一年改建金鳌玉蝀桥，横跨太液池上。"瀛台在其南，五龙亭在其北，蕉园、紫光阁东西对峙。禁中人呼瀛台南为南海，蕉园为中海，五龙亭为北海。"乾隆御制诗云："液池只是一湖水，明季相沿三海分。"可见前三海的名称与布局是从明代开始，一直沿袭到清代的。

────────────────

图注1：园坻南还有犀山台小岛。元代琼华岛象征蓬莱，园坻象征瀛洲，犀山台象征方丈。三岛为海中三仙山。

图注2：园坻东木桥长120尺、宽22尺，园坻西木桥长470尺、宽22尺。见侯仁之著《元大都城与明清北京城》174页。

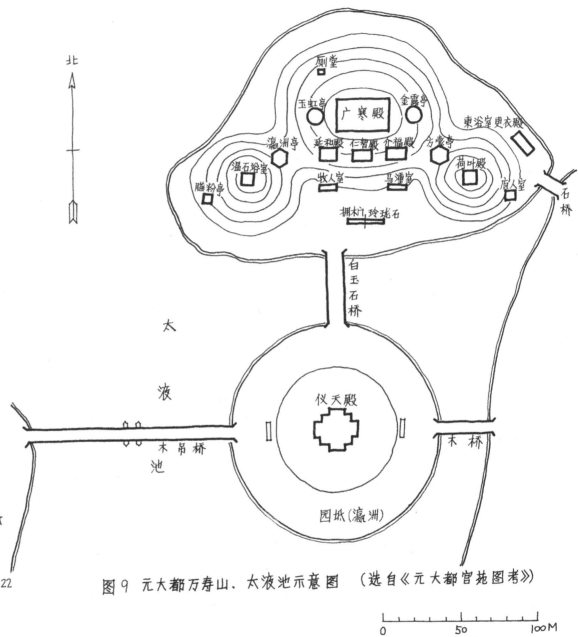

图9　元大都万寿山、太液池示意图　(选自《元大都宫苑图考》)

（二）后三海：什刹前海、什刹后海、积水潭

元代后三海为一整个水面，统称积水潭，又名海子。《元史》载："海子在皇城之北，万寿山之阴，旧名积水潭。"积水潭北通高梁河，南通玉河即通惠河，出南水门东流至通州高丽庄入白河，与京杭大运河连在一起。元大都的通惠河在皇城之外，由大运河上溯的船只，可进入城内，停泊于积水潭上，当时帆樯云集，非常热闹，"十里舳舻，遮天蔽日。"积水潭成为当时大运河的终点码头；鼓楼西大街一带的日中坊成为大都城内繁华的商业区（图10）。

明代以后，因玉河北端被圈入皇城之内，南来的船只不能直接进入积水潭，水面也逐渐缩小，分成三部分。明代蒋一葵在《长安客话》中写道："都城北隅旧有积水潭，周广数里，西北诸泉从高梁桥流入北水门汇此。内多植莲，因名莲花池。"《北平考》载："海子一名积水潭……汪洋如海，都人因名焉。"

清代道光年间，麟庆在《鸿雪因缘图记》中写道："净业湖在德胜门西，即积水潭，以北岸净业寺得名。其南岸土阜隆然，有华陀庙建于上，俗名高庙，面临曲巷，背枕全湖"（图11）。积水潭北边有个小岛，建筑精巧的汇通祠就在岛上，原称镇水观音庵，明代永乐时建，清乾隆26年重修时改名汇通祠（图12）。

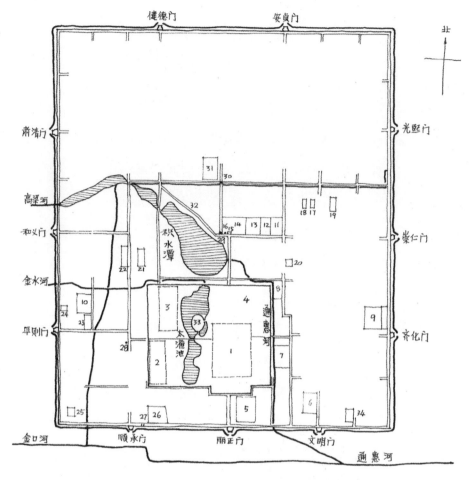

图10 元大都平面复原想象图

选自刘敦桢主编《中国古代建筑史》

0　500　1000　1500M

1. 大内
2. 隆福宫兴圣宫
3. 御苑
4. 御苑
5. 南御史台
6. 御史台
7. 枢密院
8. 紫竹万寿宫
9. 太庙
10. 社稷
11. 大都路总管府
12. 巡警二院
13. 倒钞库
14. 大天寿万宁寺
15. 中心阁
16. 中心台
17. 文宣王庙
18. 国子监学
19. 柏林寺
20. 太和宫
21. 大崇国寺
22. 大承华普庆寺
23. 大圣寿万安寺
24. 大永福寺
25. 都城隍庙
26. 大庆寿寺
27. 海云可庵双塔
28. 万松老人塔
29. 鼓楼
30. 北中心阁
31. 北中心阁
32. 斜街
33. 琼华岛
34. 太史院

图11 净业寿荷 《鸿雪因缘图记》

什刹海也因寺而得名，积水潭亦称什刹西海，往东南为什刹后海，过银锭桥为什刹前海（图13）。前海西岸为土堤，过堤有数十亩水面名荷塘，堤上为临时市场，所以又有前三海后四海的说法。解放后，荷塘改为游泳池，后被填掉，只剩下前三海、后三海，本文统称北京六海。

总之，六海原是高梁河上的一片浅湖，元代就是积水潭和太液池两块水面，并以太液池为中心兴建宫苑和皇城以积水潭东岸的中心台为中心兴建大都城。高梁河的下游自金代开凿金口河以后就已断流，高梁河不再流注卢沟河，而经通惠河东注大运河，并在上游导引昌平白浮泉水，西折南转八瓮山泊，汇西北诸泉水流行入都，解决了都城的漕运用水。同时又自玉泉山专门开凿金水河解决皇宫用水，整修太液池解决苑林用水。在利用自然的基础上改造自然，形成了完整的大都城河湖水系，可说是一举数得。在这点上比金中都前进了一大步，比明清北京也略胜一筹。

明代开凿了南海，堆筑了景山，但在都城漕运问题上又退到了通州。清代沿袭明代旧制，除了开发西北郊的苑林之外，在都城和宫苑的建设上就没什么创造了（图14）。

尤其后三海日益淤塞，湖面缩小，早没有昔日汪洋如海的功能和形式了。但又建了不少寺庙王府.其园林古刹，茶楼酒肆，成为王公贵族、文人墨客的诗酒流连之地（图15）。

图12 昔日汇通祠：古木参天、白鹅戏水

什　刹　海　（九十岛）

图13 当年什刹海：绿树成荫、荷香四溢

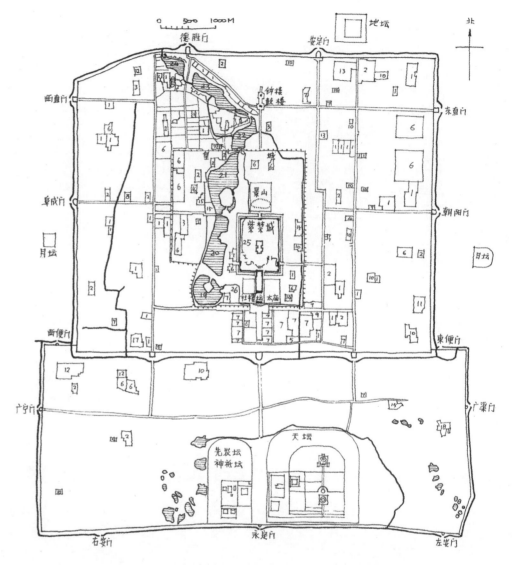

1 亲王府 2 佛寺 3 道观 4 清真寺 5 天主教堂 6 仓库 7 衙署 8 历代帝王庙
9 满洲堂子 10 官手工业局及作坊；11 贡院；12.八旗营房；13 文庙.学校；14.皇史宬
15.马圈；　16.牛圈；17.驯象所 18.义地；19.南海；20 中海；21.北海；22.什刹前海
23.什刹后海 24.积水潭；25.内金水河；26.外金水河。

图14 清代北京城平面（乾隆时期）（选自《中国古代建筑史》）

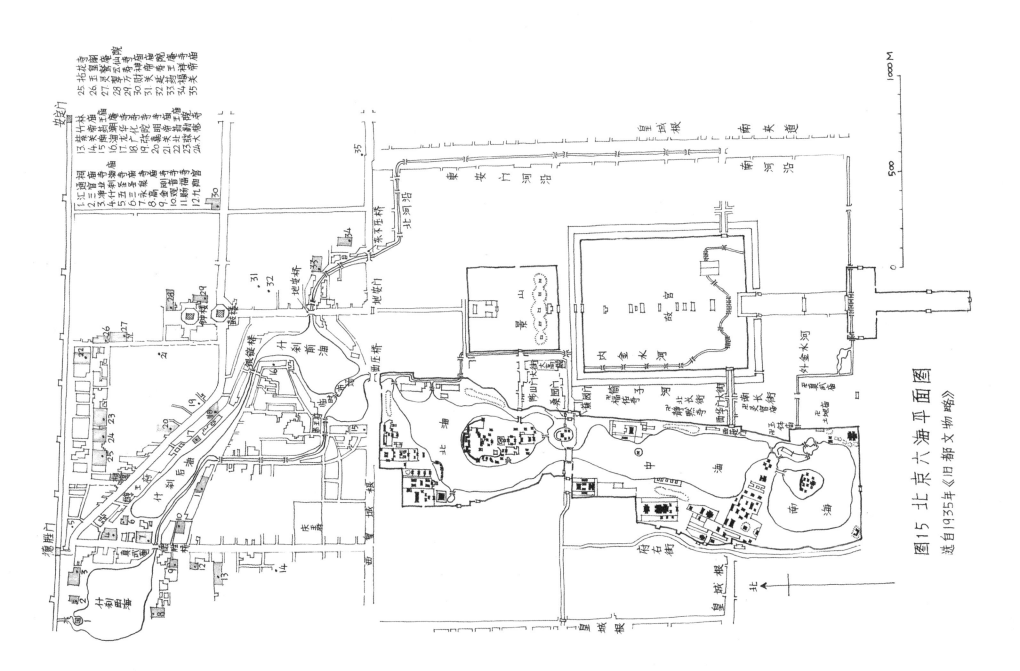

图15 北京六海平面图

选自1935年《旧都文物略》

二. 六海的功能、作用

(一) 循太液池、金水河之制，解决宫苑用水

太液池之制，自汉代以来，历代都城几乎都有，用半人工的湖沼作为宫殿的点缀，成为皇家苑林的固定格局。汉代的皇家苑林除了生产和狩猎的上林苑之外，为满足封建帝王求仙的愿望，常用园林模拟想象中的神仙境界。

汉武帝太初元年（前104年），在长安西郊修"建章宫"，周长十二公里。跨城墙有飞阁与未央宫联系。建章宫采用前宫后苑的布局，前殿广场可容万人，另外还有二十六个殿堂。苑林的主体为太液池，内有各种水草及珍禽异兽，池中有三岛象征海上三仙山：瀛洲、蓬莱、方丈。（参见《三辅黄图》及周维权先生的中国园林史讲座）（图16）。

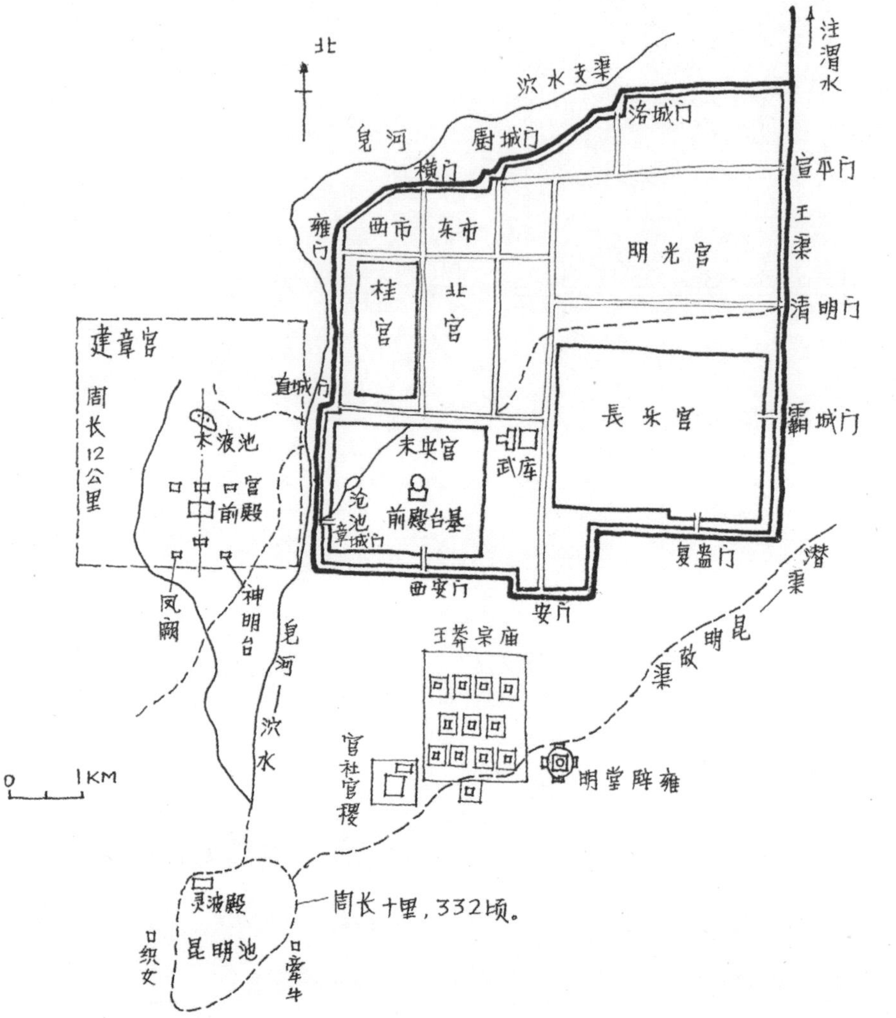

这种前宫后苑和一池三山的布局形式，自汉代开始，遂成为后代皇家园林的传统。其严整、轴线对称的宫殿象征着皇权永固；自然、优美的林苑可满足皇家游赏玩乐的要求，以太液池为主体的一池三山，又创造出一种人间仙境，以满足皇帝追求长生不老的精神需求。这一传统形式，历代相沿，大同小异，继承中虽然有变化，但万变不离其宗。

图16 汉长安城宫苑水系略图 （参见《中国古代建筑史》和《长安古蹟考》）

图17 北海的仙人承露盘

例如：汉朝，建章宫中有神明台，台上置仙人承露盘。今日北海琼华岛上仍可见到仙人承露盘，这一汉代旧制（图17）。

汉武帝开凿昆明池是为了解决都城长安的用水，从昆明池开漕渠，引水横贯长安，昆明池成为一个蓄水库，并在其中训练海军。池中有三丈长金鱼，岸边有二石人，为牛郎、织女，以昆明池象征天河。现在二石人犹存。清代在西郊开凿昆明湖，东岸设铜牛，西岸设耕织图，亦可以说是效法汉代。

北魏，在都城洛阳建有华清园，位置在宫城之后，里面有大海名"天渊池"，池中有蓬莱山，山上有仙人馆。池旁有羲和岑、景阳山和姮娥山。宫城内有灵芝池和九龙池。引谷水贯都城而环之，并东注鸿池陂。其布局与意境与汉代相同（图18，参见《中国古代建筑史》及杨衒之《洛阳伽兰记》）。

唐代，长安城内地形南高北低，南部冈原起伏，有龙首渠、永安渠、清明渠自南而北流贯城中，以供都城用水。清明渠在永安渠之东，引水北流入皇城，再入宫城，注入三海："南海"、"西海"、"北海"，都在太极宫西部。在城东修龙首渠，分为二支，一支流入兴庆宫，注入龙池，再向西入皇城太极宫内注入"山水池"和"东海"，所以太极宫共有四海，反映了"贵为天子，富有四海"的皇权思想。另一支流入大明宫内，注入龙首池。

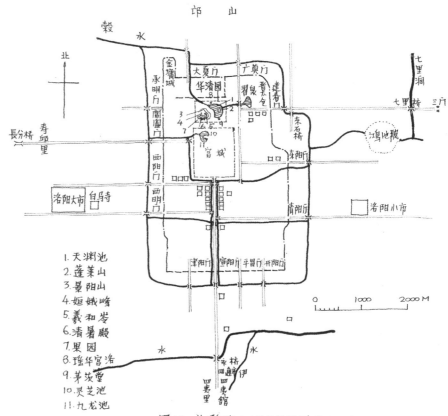

1. 天渊池
2. 蓬莱山
3. 景阳山
4. 姮娥峰
5. 羲和岑
6. 清暑殿
7. 果园
8. 瑶华宫
9. 茅茨堂
10. 灵芝池
11. 九龙池

图18 北魏洛阳城与华清园平面示意图

大明宫建于唐贞观八年（634年），也采取了典型的前宫后苑的皇家园林格局，南有含元殿，北有太液池。池中有岛称蓬莱山，临水建纳凉殿，引浐河水灌注太液池，并和漕渠连在一起（图19，参见《中国建筑史图集》）。

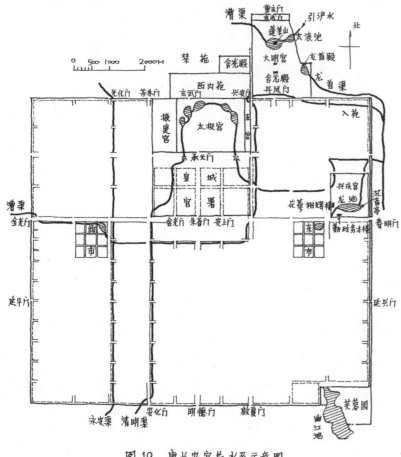

图19 唐长安宫苑水系示意图

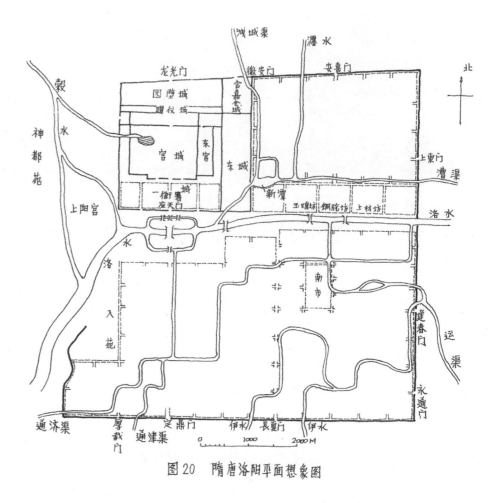

图20 隋唐洛阳平面想象图

隋唐洛阳为东都，建于公元七世纪。洛水自西往东穿城而过，把洛阳分为南北两区。洛水上建有四桥，连接南北。洛水以外，还引伊水、瀍水入城，并开凿几道漕渠和大运河相通。在洛阳城西建西苑。

《隋书》载:"西苑周围二百里,南有大海与洛水相连,北有十六院。"形成十六个建筑群组,成为园中园。每院有水渠与龙鳞渠相通,并与洛水连成水系。《大业禅记》称:"龙鳞渠宽二十步,海内有一池三山。"《海山记》说:"大海由五湖组成,五湖中均有岛"(图20,见《中国建筑史图集》)。

北宋建都东京汴梁。四水贯都,三水环城。并且正式有了金水河的名称。金水河为宫城的护城河,从西北水门入,东北水门出。艮嶽与金明池是以山水为主景的皇家苑林。艮嶽在宫城之后,金明池位于都城之西(图21,见《中国古代建筑史》)。

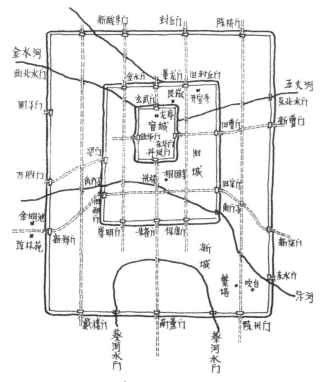

图21 北宋东京平面想象图

金代的太液池即西华潭,在宫城西南角。金水河从彰义门北入城,景凤门西出城,并与西华潭相连,其上源为莲花池(图22,见《元大都城与明清北京城》)。

元代的太液池、金水河为一水系,保证皇家用水。积水潭与通惠河为另一水系供应都城和漕运用水,分工明确,但连成一个整体。金水河用"跨河跳槽"的办法和"濯手有禁"的明令,保证了金水河为皇家所独占。金水河从和义门南水关入城,导引玉泉山水,直接进入太液池;高梁河从和义门北水关入城,导引白浮

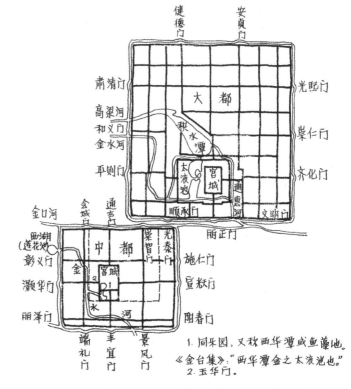

1. 同乐园,又称西华潭或鱼藻池。《金台集》:"西华潭金之太液池也。"
2. 玉华门。

图22 金中都和元大都河湖水系示意图

图23 天安门前外金水河

诸泉水，注入积水潭，再从皇城东侧注入通惠河，二者分流互不相干。太液池位于皇城中心，大内、隆福宫、兴庆宫三宫鼎立，形成了宫苑紧密结合的政治兼风景中心；积水潭成为重要的漕运码头。元代在解决都城与宫苑的水源和漕运问题上，创造了完善的河湖水系，形式与功能紧密结合，达到了极高的水平。

明清北京城，仍有太液池与金水河，但只是作为宫苑风景的点缀和具有象征性的意义。在水源和漕运方面的作用，已远不如元代了。明代改建时，把大都城北墙向南平移了五里，并从西直门以北斜向东北，穿过积水潭上游水面最窄处，转向正东，从而把潭西的一部分水面隔在城外。在北城墙上建了德胜门与安定门，并在德胜门西修建水关，作为引水入城的唯一孔道。金水河上游从此断流，只是在积水潭南端重开沟通太液池的渠道，因此明代的金水河只剩下太液池下游的一小段，即从太液池南端，新开凿的南海，引水东下，绕过皇城门前，注入通惠河，叫做外金水河（图23）。另外又从太液池北端，北海东岸开渠引入景山西墙外，南入紫禁城，下游与外金水河合流，叫做内金水河（图24）。

清代沿袭明代旧制，金水河、太液池亦一如旧往。但大大增加了前三海的内部功能，把它作为苑林、寺庙兼离宫，成为帝王后妃生活起居和处理政务的重要场所，因此内部建筑大量增加，又开辟了园中园，还嫌不足，才又新建了北京西北郊的三山五园和承德的热河行宫。

总之，从秦汉直到明清，历代皇帝以天子自居，视四海为家，为谋求皇权永固和长生不老，采取了太液池、金水河这一传统形式和象征手法，它扩大了建筑艺术的联想和意境，成为中国皇家园林的重要特色之一。它的规模很大，气势宏伟，布局开阔，又富于变化。北京前三海是其中最优秀的代表，并被完整地保存下来，其宫苑相接，河湖相连，引水贯都，以水环城，功能与形式统一，综合解决水源与漕运问题，这些都是中国古代都城宫苑建设中的成功手法与优良传统，是极为珍贵的历史遗产。

图24 太和殿前内金水河

(二) 利用京杭大运河解决都城漕运

具有二千四百多年历史的大运河是世界上开凿最早、里程最长、工程最大的人工运河。漕船往往千艘接连而行，年运量常达三四百万石。隋大业元年 (605年) 炀帝开凿通济渠，利用古邗沟与淮水沟通长江、黄河。公元608年又开凿永济渠，利用沁水南通黄河，北沿永定河故道直抵蓟城南郊。一千三百多年前，隋朝开凿的大运河，沟通了江、淮、黄、海四大水系，把蓟城与西北的中华民族古老文化的摇篮与东南的鱼米富饶之乡连系起来，使蓟城发展成为经略东北的军事重镇 (附录1)。

金朝入主中原，在蓟城旧址上扩建了辽代的南京，称中都，也利用运河解决漕运，并开凿金口河企图解决运河水源问题，因河床过陡而失败，总之金代中都漕运始终未能圆满解决。

元朝在金中都城东北建大都。至元二十八年 (1291年) 采用郭守敬建议，引北山白浮泉水，西折南转，经瓮山泊自西水门入城，环汇于积水潭。下游经玉河，东南出文明门至通州高丽庄入白河，全长164里104步，坝闸十处共二十座。至元三十年秋建成，赐名通惠河。每年漕运数百万石，是北京城市建设和水利史上的创举 (附录2)。

明朝初年建都南京，不需漕运北上，导致运河失修、白浮断流，北京城内水源枯竭，积水潭也大量淤积。永乐年间迁都北京，为了转运江南木材，曾有重修白浮故道的建议，但因在昌平北修建皇陵，白浮泉水要冲击神道，有碍风水，故未能实行。只靠玉泉山水济漕，水量大减，漕船只能到通州，比起元代是一个退步。另外明代把皇城北墙、东墙向外推移，通惠河的一段被包入皇城之内。同时由于扩展内城南墙，又把元大都文明门外的一段通惠河故道，包入北京内城，这样通惠河上游就被完全截断，江南船只再也不能上溯积水潭了。

清代于1644年迁都北京，沿用了明代的都城和宫苑，只是作了局部的重修和改建。康熙年间疏浚了通惠河故道和内城东护城河，接引部分小型粮船从东便门外大通桥下，直达朝阳门与东直门入仓。但水源问题并未解决。乾隆年间整理了西北郊的水源，疏浚了昆明湖，修筑了坚固高大的东堤和长达十里的石砌水槽，引碧云寺、卧佛寺的几处山泉和玉泉山水同注昆明湖，湖的南端建绣漪闸，与长河相连，成为北京第一个人工水库，是水利建设的一项重要成就，至今它仍然是北京六海的上源和京密引水工程的必经之地。

清光绪《顺天府志·河渠志》载："通惠河一曰大通河，俗呼里槽河，亦名里河，导源玉泉，玉泉亦曰玉河，出玉泉山，西南流，西山诸泉伏流注之。流为高水湖、裂帛湖、西湖、昆明湖，长河、前湖、高梁河。又经京城西北分为二：一为护城河；一入德胜门为积水潭，又入海子，穿东便门廻龙闸合流。又东出大通桥，亦日大通桥河。又东注于榆河。"这一段记载了清末北京运河上游的情况。现在北京的南护城河与通惠河仍在此交汇，但城墙已不复存在，只剩下东便门角楼作为历史的见证（图25~27）。

图25 昔日东便门外通惠河　　　　图26 今日东便门角楼与南护城河　　　　图27 东便门角楼 通惠河及北京站入口

由上可见，北京六海不仅解决了宫苑用水，而且还曾是大运河的上源和终点。前三海点缀宫苑，后三海解决漕运，又有明确分工。一个粮食、一个水源，这关系到皇家与整个都城的吃、喝问题，是都城与宫苑建设的生命线。而北京六海就是这条生命线上至关重要的一环。今天护城河被填，北京水运已断，但从长远来看，如能实现"南水北调"，能否继承古代这一传统，使首都航运直达江南以至海外。

（三）借助山水与人文景观，形成都城皇家与民间两大游憩中心

北京六海组成了城内最大的一处风景区，辽、金、元、明、清皆为帝王宫苑所在，精心布局、着意经营，在造园艺术上有很高水平。历代劳动人民经过辛勤劳动，利用北京小平原上这块有山有水的自然条件，形成了六海园林水系，成为都城内皇家与民间两大游憩中心。

前三海是皇家园林，总的布局继承了我国古代造园艺术中在水中布置岛屿，形成一池三山，沿池岸布置建筑物和风景点的传统手法。

山水相依、宫苑相邻、互为因借，虽由人作，宛自天开。沿岸建筑或断或续，或隐蔽于溪谷密林之中或突出于水面山峰之上。佛宫梵宇，水院山房，形成丰富的建筑群体。建筑形式又有：亭台楼阁、殿堂、水榭、游廊等等，变化不一，相互配合，形成整体，而整体中又有分割，形成一个个小巧玲珑的园中园。充分显示了中国古代建筑与园林紧密结合布局的高度成就。

琼岛与白塔是前三海的制高点，也是风景构图的中心（图28）。历代帝王又建了不少寺庙，如琼岛南坡的永安寺，与堆云积翠桥相对，使寺庙建筑与园林密切地结合起来。湖北面西天梵境又称天王殿是另一组精美的佛寺，由琉璃牌坊、天王殿、大慈真如殿和琉璃阁等建筑组成，与琼岛遥相呼应。此外，西北角尚有观音殿、万佛楼、五龙亭以及静心斋等景点（图29、30）。琼岛西面为悦心殿和庆霄楼，为皇帝理事引见和观看风景及冰嬉活动的地方（图31）。琳光殿北为阅古楼，楼内存放《三希堂法帖》石刻四百九十五方，为乾隆年间摹刻的魏晋以来名人墨迹三十二卷，翰墨琳琅，辉映廊庑。与此相同的是北岸的快雪堂，为清高宗阅王羲之《快雪时晴帖》处，两廊存石刻四十八方。

塔山四面均有石级可通山顶，山顶正中建喇嘛塔一座，由山麓至山顶总高68.8米。塔南有琉璃小阁名善因殿，可凭栏远眺故宫、景山、中南海景色。自琼岛过陟山桥往北，一带岗丘自南而北伸展，一脉溪涧自北而南蜿蜒，把沿岸的蚕坛、画舫斋和濠濮涧连在一起。东北角的蚕坛则为后妃行亲蚕之礼的地方。画舫斋曾为光绪读书处。

团城位于北海、中海之间，是一池三山的重要组成部分。地处金鳌玉蛛桥与故宫、景山之间，与这些宫殿苑林互相联系，共同构成了

图28 琼岛、白塔、景山、五亭

图29 昔日北海五龙亭

图30 昔日静心斋

图31 北海庆霄楼

北京城内最优美的风景点。团城在辽、金、元时为水中一小岛,岛上建有圆形仪天殿。明代把东面原未通宫中的木桥填为平地,重修仪天殿,改名承光殿,平面仍为圆形。把岛屿周围也砌成圆形砖筑城墙,成为观灯之所。清代康熙二十九年重建承光殿,平面改为十字形,正中为一重檐歇山大殿,抱厦为单檐卷棚式,复以黄琉璃孔绿剪边。屋顶飞檐翘角,极富变化,与故宫角楼相似。殿前有玉瓮亭一座,乾隆十四年建(1749年)。玉瓮本是元代广寒殿中之物,直径四尺五寸,高二尺,不但体积巨大,雕刻精美;而且是研究北京历史的重要文物。承光殿内还有玉佛一座,高约1.5米,为整块白玉作成(图32)。承光殿东侧有桔子松一棵,顶圆如盖,姿态苍劲,传为金代所植。另有白皮松二株探海松一株,都是百年古树。还有数十株古柏疏密相间,苍翠浓郁,更加衬托出团城的幽静。

图32　团城玉瓮和玉佛

中海的万善殿与团城承光殿在同一条南北轴线上,原名"崇智殿",为明朝所建。清世祖(顺治)改名"万善殿"以供佛像用。殿北为千圣殿,圆盖穹窿,重檐攒尖顶,殿中奉千佛塔一个,高七级,雕刻精美。万善殿西南有亭立水中,名"水云榭",亭内有石碑,刻清高宗所书"太液秋风"四字,为燕京八景之一。"每发中元,建盂兰道场,自(七月)十三日至十五日放河灯,使小内监持荷叶,燃烛其中,青碧熠熠,罗列两岸,以数千计。又用琉璃作荷花灯数千盏,随波上下。中流驾龙舟,奏梵乐,作禅诵,自瀛台南过金鳌玉蛛桥,绕万岁山,至五龙亭而回。河汉微凉,秋蟾正洁,苑中胜事也"(《金鳌退食笔记》128页)。

中海西岸有紫光阁,旧名"平台",建于明朝正德年间(1506~1521年),为明武宗阅射之地。后废台为阁。清康熙皇帝每年仲秋,常召集侍卫大臣在阁前演习射箭。后来,清朝殿试武进士及有关筵宴活动也在此举行。紫光阁西南有怀仁堂,清代名仪鸾殿,光绪十三年(1887年)建,慈禧曾在此居住。1900年八国联军焚毁此殿,后重修改名佛照楼。民国初年改名怀仁堂。

南海的主要建筑有丰泽园,建于康熙年间(1662~1722年),为清朝皇帝每年春季"演耕"之所。颐年堂为丰泽园的主体建筑。清朝称崇雅殿、惇叙殿、颐年殿,民国初年改名为颐年堂。建筑为五开间卷棚硬山顶。其附属建筑名叫"菊香书屋",是藏书的地方。丰泽园内还有春耦斋,乾隆帝常在此息闲吟诗。斋前有戏台,演出宫戏供帝后观赏。民国后袁世凯、段祺瑞先后在此开过财政会议,亦作过总统办公处。

图33　南海流水音

静谷为南海的园中园，位于丰泽园的西侧，春耦斋的南面，有爱翠楼、植秀轩、双廊等古建，并有连理柏一株。园内屏山镜水，云岩奇秀，华林芳径，竹柏葱笼。其中叠石出自名家张南垣之子张然之手，并且使用了宋代艮嶽的名石。清初王士祯在《居易录》中说："水石之妙，有若天然，华亭张然所造也。然字陶庵，其父号南垣。……峰壑湍濑、曲折平远、经营惨淡、巧夺天工。南垣死，然继之。今瀛台、玉泉、畅春园皆其所布置也"（图34、36～38）。

瀛台为南海中靠北岸的一个小岛，称南台，又名趯台陂。现有建筑是清顺治、康熙年间扩建的。主体建筑自北而南有翔鸾阁、涵元殿、香扆殿（南向为蓬莱阁），南端临水为迎薰亭。东面有牣鱼亭，西南有八音克谐台，北面有瀛台桥与湖岸相连（图39、40）。这里是皇室避暑游览之地。康熙、乾隆还曾在此"听政"、"赐宴"。1898年戊戌变法失败后，光绪帝被幽禁于此并于1908年死于涵元殿。瀛台四面环水，蓼渚芦湾，参差掩映，恰似海中仙山。

南海东岸有清音阁、云绘楼、韵古堂、流水音等古建筑（图33）。流水音为水中亭子，康熙年间在明代无逸殿旧址上新建，亭内有流水九曲，取古代"曲水流觞"之意，名流杯亭，当年有飞泉瀑布下注池中，乾隆帝题额曰"流水音"（图35）。

总之，前三海为皇家御苑，帝后妃嫔在此避暑、游览、听政、饮宴、演耕、亲蚕、观灯、射箭、读书、息闲、礼佛、参禅、种种活动不一，以满足封建统治者的游憩与享乐以及宗教和政治活动的需要。

图34　静谷叠石

图36 南海丰泽园

图37 静谷爱翠楼

图38 静谷植务轩

图39 八音克谐台

图40 瀛台桥

图35 1932年中海、南海平面图 北平市工务局测

1:4000

图41 后三海景色

后三海与前三海完全不同，这里不是皇家的禁苑，而是市民的游乐场所。是名符其实的北国江南，名园、古刹、王府沿湖借景。后海北岸有醇王府及祠堂；前海西岸有恭王府、罗王府。寺庙有五圣寺、龙华寺、广化寺、净业寺、观音寺、永泉寺、火神庙、三官庙、药王庙、海潮庵、什刹海庙等。园林有万春园、镜园、湜园、杨园、漫园等。亭台楼榭多临水而建，既可欣赏水面风光，又点缀了湖面景色，为都内人士宴饮观赏之所（图41）。银锭桥可看"西山晴雪"——燕京八景之一，所以"银锭观山"也算一景，成为当时北城中水际看西山第一绝胜处。有诗赞道："鼓楼西接后湖湾，银锭桥横夕照间，不尽泡波连太液，依然晴翠送遥山。"

鼓楼大街，明清为闹市，面临什刹前海则多茶楼酒肆，有望湖亭、庆云楼等，为昔日达官贵人游赏之地。烟袋斜街西口，前海的东北角，有著名的"烤肉季"，当年可临湖赏景又能吃到松枝烤肉等野味。《天咫偶闻》写道："然都中人士游踪多集于什刹海，以其去市最近，故裙屐争趋，想唐代曲江不过如是。昔有好事者于北岸开望苏楼酒肆，……小楼二楹，面对湖水，新荷当户，高柳摇窗，……大有西湖楼外楼风致。"

后三海还有丰富多彩的节日活动。清代每年三伏日，农历六月初六，有锦衣卫率御马监官校，在湖中浴马。各色马匹在湖中嬉戏，市民围观，一片热闹景况。农历七月十五日中元夜，燃放河灯，灯为荷花形，中心点燃蜡烛，漂在水面，水中灯光闪闪，天上星光一片，寺中僧人念经，市民饮酒欢唱，通宵达旦，热闹非常。

前海西岸为一长堤，两面皆水，贯通南北两岸。自端午节直至中秋节，在堤上设临时性棚摊，卖风味小吃，并有杂耍、马戏、武术等叫做荷花市场。

什刹海的冬季活动更有特色，是江南水乡所没有的。冬季湖面结冰，坐在木制小冰床上，由人拖着在冰上滑行，叫做冰嬉。由上可见，什刹海春夏秋冬的活动皆围绕水面进行，四季不断，丰富多彩，成为历代市民的游览胜地，什刹海的冰雪月和江南水乡相比别有一番风致。

三、六海的重要价值

(一)六海园林水系与古都北京是一个有机整体

首先,古都北京的形成与变迁是与六海河湖水系紧密相关的。金代以北海中海一带作为离宫,元代又以太液池和积水潭为中心建成大都城;围绕太液池鼎足而立布置了大内和兴庆、隆福二宫,从而为皇家园林与宫殿建筑群紧密结合奠定了基础。

其次,在功能上六海水系是古都重要组成部分,综合解决了全城的蓄水、防洪、水源、水运、防火、防禦等功能问题。

第三,在城市艺术布局上,六海水系也与中轴线相依而立,相辅相成,使庄严与活泼,人工与自然,巧妙地结合在一起,形成古都最优美的中心区,在空间艺术上也是一个有机整体。

(二)六海园林水系是调节首都中心区环境质量的重要杠杆

城市环境是人类利用和改造自然的产物,它包括原生环境和人工环境。城市环境受自然因素和社会因素的相互作用,受到了人类的强烈干预和改造,特别是由于工业、交通等活动把三废物质排放到城市环境系统中,严重地干扰和破坏了城市正常物质能量交换和生态平衡,给城市环境和人体健康带来了一定的危害。所谓城市环境质量是指,为了保护人体健康,保证正常劳动和日常生活的进行以及有利于其生态系统正常循环的环境标准。在一般的城市建成区内,特别是大城市的中心,人们普遍生活在密集的建筑群中,经常得不到充足的阳光,看不到绿色的田野和树林,噪声代替了鸟鸣,烟尘夺走了新鲜空气;它显然是一个不完全的生态系统。特别是旧城区是历史长期发展的产物,在城市建设上遗留下许多问题:如功能分区不明确,道路系统紊乱,街道狭窄,交通拥挤;工业、仓库与生活居住区混杂,相互干扰,环境污染严重,房屋破旧,亟待改建。这些问题在一般的旧城中都是存在的。

但是北京旧城中心区情况又有些不同。由于历史发展中巧妙地利用和改造自然的结果,在这里形成了一个较好的城市环境,也就是故宫景山与六海水面。这里建筑密度比较小,房屋质量比较高,绿地水面比较大,形成文物古建、园林绿地的综合体。解放前,北京市绿地面积700公顷。解放后到现在北京市区公共绿地1800公顷,而六海园林绿地总面积为218公顷,分别占31%和12%,在旧城之中起了很好的缓冲作用,解且地理位置很优越,它以楔形绿地的形式插入市中心,成为城区绿地系统的主干,对改善北京城区的热岛效应,对北京以南北向为主导风向的夏季通风降温和减少空气污染都起到重要作用。

目前，六海水系在改善中心区环境方面还在发挥重要作用。由于首钢是北京的重要污染源，莲花河水系已经受到比较严重的污染。然而长河水系由于处于首都中心区的重要地位，在古代是皇家园林，在今天是党中央、国务院所在地。因此在北京其他水系因缺水、污染等受到严重影响时，只有六海还保持着充足的水量和较好的水质。这是最有利的条件。

六海水面118公顷，陆地100公顷，陆地还不到总面积的一半，并且没有进行充分的绿化。相反一些绿地还受到侵占，水面逐渐缩小值得引起重视。为了发挥绿色植物净化空气，减弱噪声，改善小气候，保持水土，防灾备战，监测环境等多方面的作用，应当充分利用当前中央重视绿化，发动群众大量植树的有利形势，适当扩大六海周围的绿地面积，并进一步做好水体的环保等工作，使得水面、绿地和文物古建，相互陪衬以便发挥更大的作用。

(三) 六海水系与宫殿园林交相辉映形成极其优美的城市景观

北京有举世闻名的八公里长中轴线，是一个以严整、对称的宫殿、城楼为主的建筑轴线，形成一个连绵起伏、迭有高潮的建筑空间序列；而它的西侧是一条岸线长达十五公里的曲折优美的自然风景线，它是一个以自由不对称的苑林、河湖为主的风景线，形成一个以水景为主的有起伏、有高潮的空间序列。这是中国建筑中完全不同的两种空间处理手法，二者互相对比、联系、渗透、因借，使得"太液芙蓉未央柳"的景色呈现于都城中心，二者相互辉映、相得益彰。其中故宫雄伟的宫阙与中南海园林；景山五亭与琼岛白塔；钟鼓楼与什刹海，均遥相呼应，横向联系，互为对景、借景。整个皇城之中，规整之中有自然，于严肃中见活泼，金碧辉煌的宫殿建筑群与碧波荡漾的园林区互相衬托与对比，实为都城宫苑规划的珍品（图42）。

从平面布局上看：六海以琼华岛为中心，向西北和正南两个方向延伸，水面有大有小，有开有合，有阔有狭，呈现不同的形状与面貌，地形上有堤有岛，有山有谷，或湖中有岛，或岛上有池，琼岛西有池隔小桥与北海相通；瀛台东也有池隔小亭与南海相连；琼岛南有桥与岸相接，瀛台北有桥与岸相通。前三海每个海都有一个船坞在东岸朝南处。总之，极尽变化而又统一完整。沿湖建筑也极为丰富多彩，如白塔、团城、瀛台、静谷、五龙亭、钟鼓楼等都是古建园林中的瑰宝（图43）。

从城市园林水面的关系看：西北方向可以从高梁河到紫竹院溯长河直达湖光潋艳的颐和园，以及泉清水美的玉泉山。从金水河以下，

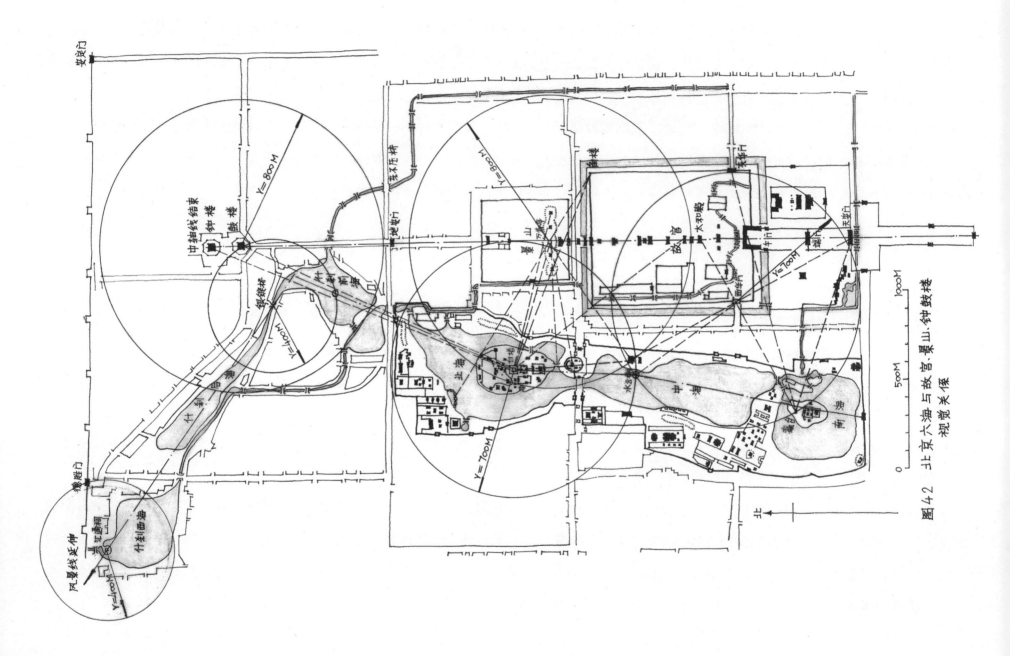

图42 北京六海与故宫·景山·钟鼓楼视觉关係

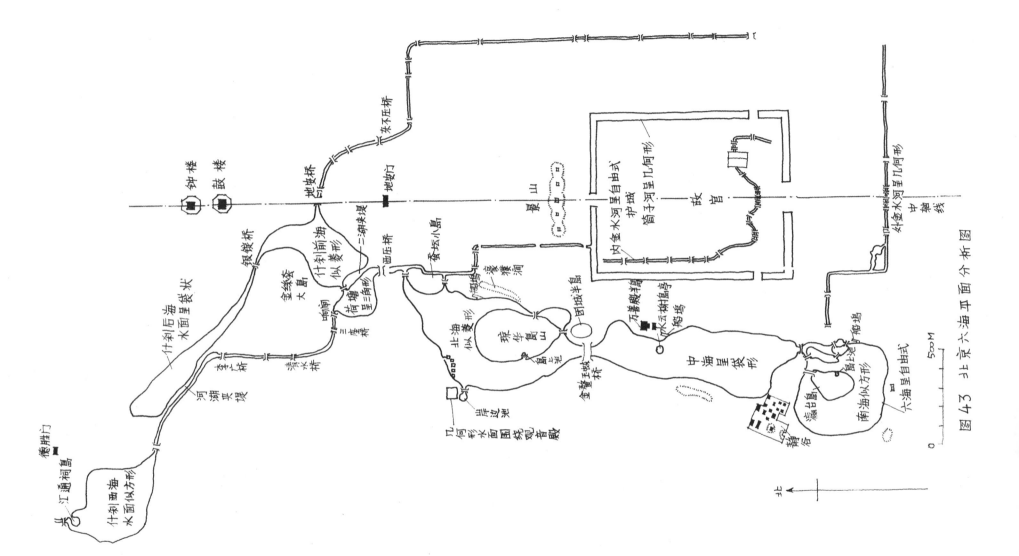

图 43 北京六海平面分析图

东连通惠河，沿护城河南下，可与龙潭湖、陶然亭湖连系起来，起着承上启下的纽带作用（图44）。

从绿化空间上看，北海白塔，景山五亭，妙应寺白塔，钟楼鼓楼，团城承光殿、中海水云榭，或矗立于山顶，或突出于水中，或雄踞于闹市，或独立于桥头，形成美丽的街景，桥景，水景，对景，借景，框景，这些宫苑中的制高点和优美景观，遥相呼应，互为因借，扩大了城市空间，形成和谐、优美的空间整体感。

六海风景区在优美的自然景观基础上，经过人们长期的游览、鉴赏和建设，渗透了与其相谐谐的传统文化，形成了有深邃历史渊源的人文景观。其中建筑是人文景观中最主要的内容，其次是碑刻、书画题记及文物。如丰泽园原为清代皇帝演耕的地方。解放后至1966年，其中的"菊香书屋"成为毛主席办公和居住的地方。现为群众瞻仰的重要革命文物。而后海北岸的醇王府花园，现已成为国家名誉主席宋庆龄同志故居，第二批全国重点保护文物。其它还有瀛台涵元殿为慈禧囚禁光绪处，银锭桥为反清英雄喻云纪谋刺摄政王载沣

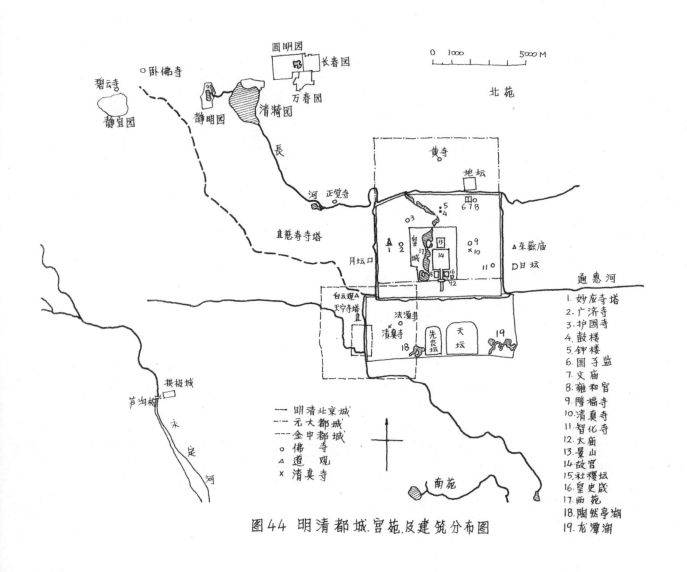

图44 明清都城·宫苑及建筑分布图

1. 妙应寺塔
2. 广济寺
3. 护国寺
4. 鼓楼
5. 钟楼
6. 国子监
7. 文庙
8. 雍和宫
9. 隆福寺
10. 清真寺
11. 智化寺
12. 太庙
13. 景山
14. 故宫
15. 社稷坛
16. 皇史宬
17. 西苑
18. 陶然亭湖
19. 龙潭湖

—— 明清北京城
--- 元大都城
--- 金中都城
○ 佛寺
△ 道观
× 清真寺

的地方。还有北海"快雪堂"因有王羲之的《快雪时晴帖》,阅古楼藏有《三希堂法帖》等书法碑刻而闻名。前海西岸的恭王府及萃锦园又和中国文学名著红楼梦及大观园有着千丝万缕的联系。现在已定为第二批全国重点文物保护单位。另外还有很多民间和神话传说,如乾隆为香妃建宝月楼,反映了民族的团结和睦;高亮赶水的故事(金受申著《北京的传说》),反映了古代北京人民为解决水源而进行的斗争。

(四)六海水系历史悠久、文物荟萃,是极其宝贵的历史遗产

　　北京建都已有千年,从元大都起成为全国的政治中心到现在已有七百二十多年　而太液池已有八百年的历史。如果说"先有潭柘,后有幽州",那末也应该说:"先有太液池,后有大都城。"六海水系在北京城建史和水利史上都有重要意义。

　　和全国六大古都比较,北京是辽、金、元、明、清五朝古都,是封建社会晚期的产物,是中国都城宫苑建设的集大成者。隋唐长安、洛阳,宋东京汴梁,以及南京、杭州的昔日宫殿苑林,只存遗址或已湮没地下,唯独北京的宫苑仍完整地保存在市中心区。以第一批全国180处重点文物保护单位为例,北京有18处,占了十分之一。西安八处、洛阳三处、南京二处、杭州二处、开封一处(注一)。六大古都中只有西安和北京大体相称,但西安的文物古迹多在郊县(八处有四处在郊外),且多在地下(八处有五处为遗址);北京的文物古迹多在市中心(十八处有十处在城内),且多在地面上(十八处只有一处遗址)。六海连同故宫以及整个北京城就是一个大文物。北京六海、皇城及中轴线附近的全国重点文物有八项占全市20项的40%,市级重点文物19项,占全市69项的27.5%。在最近公布的全国第二批重点文物中,宋庆龄故居和恭王府就都在后三海。西安重点在于封建社会早、中期的文物古建;北京重点是封建社会中晚期的文物古建,而且历史文物与革命文物相结合,文物与园林旅游相结合,又赋予它新的内容和生命。

注一:第一批全国重点文物,北京十八处为:北大红楼、卢沟桥、天安门、人民英雄纪念碑、云居寺塔及石经、五塔寺塔、居庸关云台、故宫、长城八达岭、天坛、北海和团城、智化寺、国子监、雍和宫、颐和园、周口店遗址、十三陵。　西安八处为:碑林、半坡遗址、西安城墙、大雁塔、小雁塔、大明宫遗址、汉长安城遗址、阿房宫遗址。洛阳三处为:白马寺、龙门石窟、汉魏洛阳故城。南京二处为:中山陵、明孝陵。杭州二处为:六和塔、岳飞墓。　开封一处为:祐国寺塔。

第二部分
六海的现状与矛盾

一、六海的现状

(一) 功能、使用现状

(1) 中、南海：位于旧皇城的西南部，东隔北长街与故宫、中山公园为邻；北隔金鳌玉蛛桥与北海相望，南临长安街通衢大道，西靠府右街。占地约一千五百亩，其中水面七百亩左右。解放后，中、南海一直是中共中央和国务院的办公住所。中央人民政府设在这里，中央军委也曾在此办公。毛主席、周总理等老一辈无产阶级革命家曾经在这里居住、办公（图45、46）。现在中共中央政治局、书记处、国务院仍在此办公，这里既是全国最高领导中心，又是国内群众活动和国际友好交往的重要活动场所之一。

一九四九年新中国成立后，南海丰泽园内"颐年堂"（图47、48）为党中央召开重要会议和毛泽东等中央领导同志会见国内外宾客的地方。毛主席故居就在颐年堂东侧的"菊香书屋"，1949～1966年在此居住。1966年～1976年毛主席迁至中海西岸的原"游泳池"居住。

中南海西岸的怀仁堂（图49），解放后一直是党中央、人大、政协、中央军委举行集会活动的重要场所。五十年代和六十年代初，党和国家领导人还经常在怀仁堂

图45 1949～1966年毛主席居住和办公的地方，丰泽园内"菊香书屋"

图47 丰泽园内颐年堂

图46 1966年～1976年毛主席居住和办公的地方，中海西岸原"游泳池"

图48 颐年堂内景

后边的草坪上接见全国各界代表和先进模范人物，并一起合影。

如一九五八年五月五日，中国共产党第八届全国代表大会第二次会议在怀仁堂举行。

一九八〇年六月一日，中央书记处在怀仁堂举行庆祝"六一"国际儿童节茶话会。

一九八一年四月十三日，中央书记处及有关部门负责同志和首都少年儿童一起在怀仁堂看戏（图50）。另外还举行过教育工作者、劳动模范、先进生产者、科学院学部委员等座谈会。

中海北部西岸的紫光阁（图51），是国家领导人会见外宾和国务院举行重要会议的场所。

现在每周星期六和星期日，采取内部售票的办法，到南海参观，每天有一万一千人左右，参观毛泽东同志故居、并游览瀛台、静谷和流水音（图52～图55）。

由此可见，中、南海自解放以来，一直到现在是中共中央与国务院的所在地，是全国政治中心的核心，所以成为中外观瞻所系的地方，又是人们所向往的地方，成为国内外群众活动与友好交往的重要场所。同时，它又是重要的历史文物，丰泽园为清代演耕之所，宝月楼，即今新华门传说是乾隆帝为香妃所建，紫光阁为明清阅射之地。瀛台为慈禧幽禁光绪处。所以说中南海是身兼数职，既是政治中心又是历史文物，同时又是群众和外宾的活动场所，各种矛盾集中在一起，既要

图50　首都少年儿童和中央
负责同志一起在怀仁
堂看戏

图49　中海西岸的怀仁堂

图51　中海西岸的紫光阁

首先满足中央办公的需要，又要对历史文物加以保护，并开放参观，满足中外游人的需要，所以应该把行政办公区与历史文物区加以必要的区分。

(2) 北海：东出陟山门隔景山东街与景山相望（图56、57）。南岸为团城承光殿，与中海的万善殿、千圣殿在一条南北轴线上（图58）。北接什刹前海。西部国防部、305医院、北京图书馆（图59）。

北海占地1020亩，其中陆地面积约450亩，水面面积约570亩。既是历史文物又是城区最好的公园。有山有水、园中有园、文物荟萃、交通方便，是古典园林中的精美文作。

北海本是一个完整的园林，现被几个单位分而治之。如东北角的蚕坛，为西城区的北海幼儿园所占，占地面积29000平方米，古建筑四十三间，共2000平方米。职工八十名。收幼儿三百名左右。新建楼房3700平方米（图60）。

图52 群众在中南海参观毛主席故居，并游览瀛台、静谷和流水音

图53 南海中的瀛台

图54 南海静谷中的叠石与步石

图55 南海的流水音

天王殿的琉璃阁院落由北京市文物局文物工作队占用，占地面积四千五百平方米左右，古建筑琉璃阁，现为文物仓库（图61）。北海体育场在九龙壁北侧，占地六千三百平方米。已建五千五百座砖砌看台一座，供兰球审用。

铁影壁北面的澂观堂、浴兰轩、快雪堂为一组建筑，占地三千平方米，古建六百八十五平方米。为北京图书馆的书库。解放前，原为松坡图书馆。另外在天王殿东侧还北京图书馆的七户家属住在园内（图62）。

北海西岸原有房屋一百四十四间，三千多平方米，原来是儿童乐园，为少年儿童进行游艺活动的三个大院。文革期间为519工程及305医院所占用（图63）。

可喜的是国务院已决定把静心斋交还给北海公园，供广大游人使用。静心斋原名镜清斋，占地六千平方米，古建筑一千多平方米。原为中央文史研究馆和国务院参事室联合办公的地方，环境清静幽雅，是优美的园中园。现正在进行整修，不久即可向游人开放（图64.65.67.68）。

北海西北角的阐福寺，现为经济植物园，占地二万四千平方米，建筑面积四千五百平方米。其中温室八百三十平方米供展出，三百七十平方米供培养用。大温室在万佛楼旧址上改建与古建园林的风貌格格不入（图66.69）。

图56 北海望景山,中间为大高玄殿

图57 景山望北海,中间有五层住宅楼一座

图58 琼岛望团城承光殿及中海万善殿及水云榭

图59 北海西岸的北京图书馆

图60 北海幼儿园占用的蚕坛

图61　天王殿的琉璃阁

图62　铁影壁与澂观堂入口

图63　北海西岸的儿童乐园与文化厅
　　　框架

图64　静心斋的沁泉廊与枕峦亭

图65　静心斋中的韵琴斋

图66　经济植物园中的妙相亭

图67　静心斋后的抱厦已被封闭

图68　静心斋中的罨画轩及拱桥

图69　万佛楼旧址改建大温室

图70 北海餐厅

图71 陟山桥南职工食堂

图72 北海东岸船坞，大书游人止步

其它的文化活动地点有：东岸画舫斋为书画展览处，琼岛西北角的阅古楼的石刻、团城和永安寺也兼作各种展览用。

琼岛北岸的道宁斋为仿膳餐厅，为北京市第一服务公司开办，主要供外宾用，有职工三百人左右。九龙壁前的北海餐厅供一般游人使用（图70）。园内商品供应为园林局服务公司管理，有职工约三百人。原桑园一带为北海公园管理处，现有职工四百人。在陟山桥南新建职工食堂一座（图71），为正在施工中的混乱景象。园内三个单位的服务和管理人员达千人，占平均每日游人数的二十五分之一，而这样的服务管理单位占用了公园内的许多景点，到处悬挂游人止步牌，如东岸的船坞"自在天"就是一例（图72）。

总之，北海名为公园，实际为内外各种单位所占的面积甚多。外部占用公园的单位有：北海幼儿园、北海体育场、文物工作队、占用儿童乐园的305医院、占用庆霄楼和悦心殿的地毯公司、占用快雪堂的北京图书馆，使得本来就紧张的陆地面积就更加紧张了。园内的服务、管理单位有三家，也分别占用了桑园、道宁斋、双虹榭等各处景点。并且还在增加各种建筑如西岸的文化厅，还有各种临时建筑，如东岸的知青饺子馆等。这些使得已经十分拥挤的北海公园更加拥挤。而且这种外部单位的侵占和内部单位的蚕食，也大大影响了公园的性质。有些是历史上长期遗留的问题，如松坡图书馆，解放前就已占用快雪堂，为纪念蔡锷而设蔡公祠。现在已经过了半个世纪，松坡图书馆变成了北京图书馆的书库，在附近还有北京图书馆的家属宿舍，这些单位应该早日迁出。内部单位亦如此，文革前只有一个单位，三、四百人，文革后变成了三个单位近一千人。北海及团城是一个全国重点文物单位，里面搞了这么多餐厅、饭馆、食堂，这和历史文物公园的性质是相违背的，应该加以改变。服务管理单位亦应精兵简政、退出占地，以利广大游人群众。

图73 什刹前海与什刹后海的分界处
银锭桥

图74 积水潭南岸的西城区游泳池
和西海旅店

图75 原摄政王府、现为卫生部

图76 全国重点文物·中华人民共和国名誉主席
宋庆龄同志故居

(3)后三海。什刹前海在地安门西大街以北，鼓楼大街以西，穿过银锭桥（图73）与什刹后海一脉相连。后海东北为一条斜街——鼓楼西大街。积水潭北为北二环路，东为德胜门大街，以德胜桥与后海分界。后三海总面积七百多亩，水面面积约五百二十亩，陆地面积约为一百九十亩。现为许多单位分而治之。如养鱼、种树、划船归西城区绿化队管，现有玻璃钢游船一百条。驳岸归水利局市河道管理处负责；砸冰归水产办公室；马路归市政局；路灯归供电局；前海游泳池归东城区体委；积水潭游泳池归西城区体委，现与西海旅店合为一处（图74）；另外，后海半岛为市体委业余航海学校；农贸市场归财政局管；存车处归公安局管。前海南岸还有三海派出所；后海南岸还有总参管理科和老帅的住宅；后海北岸有卫生部，原为摄政王府（图75）。还有国务院公布的第二批全国重点文物保护单位，中华人民共和国名誉主席宋庆龄同志故居。宋庆龄故居原为摄政王府的花园（图76）。

图77 地铁积水潭站的通风口取代了汇通祠

图78 积水潭的钓鱼·游泳区

图79 积水潭北岸的旱冰场在施工

图80 积水潭北岸林地

图81 后海水面东望钟·鼓楼

后三海剩下的绿地只有后海小游园和前海小游园共约七十亩。什刹海业余体原来亦为绿地。积水潭北面的汇通祠小岛因地铁施工，已毁，现为地铁的一个出入口（图77），并堆土高约六米。原来湖水环绕小岛的幽静秀丽的景观已完全改变。由于这里是后三海的进水口，无论从水系看，还是从六海布局看均应恢复旧貌，否则六海成了无源之水（图82）。积水潭水深仅1.3米，水速大，冬季水温高、冰层薄、冰期短，不宜开展滑冰，现为钓鱼游泳区（图78）。目前北岸正建旱冰场一座，东侧有林地一块（图79、80）。 后海水面宽阔，面积达18公顷，占整个三海水面的53%，东望可见钟、鼓楼（图81），环湖绿地相对面积也比较大，水面以划船和养鱼为主，冬季可凿冰垂钓，西岸设有游船码头。前海靠近中心区和钟鼓楼，交通方便，人流密度比较大。

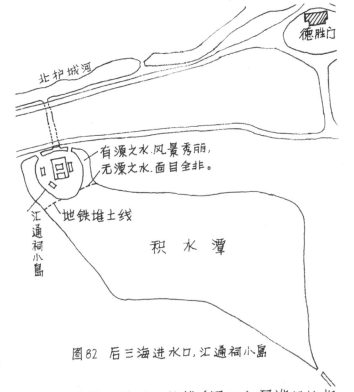

图82 后三海进水口、汇通祠小岛

冬季可滑冰、夏季可游泳。现有前海小游园隔地安门西大街与北海后门相对。

(二) 社会环境现状

(1) 居住环境。六海周围除去行政办公用地和文物古迹外，大部为居住用地，多数为平房四合院，对文物古迹、园林环境影响不大。但亦有少数多层，特别是高层住宅对环境影响很大，如国防部院内的12层跃廊式住宅，在高度、体型、色彩上与北海园林古建筑极不谐调，使五龙亭如置盆景中（图83）。今后一定要严格控制不准再建。在南海西岸府右街东侧也正在兴建四层灰色砖砌住宅（图84），在如此宝贵地段上，主要应为园林绿地、文物古建的内容，在这里穿插一些多层、高层住宅，实不相称。另外北海与景山之间也建有血防站的五层红砖住宅楼一座，虽不甚高，但在一群四合院的陪衬下，确有鹤立鸡群之感，尤其在北海白塔与景山五亭之间打入这样一个楔子，破坏了古城中心区两个制高点之间优美的空间构图关系（图86、142）。

图84　府右街东侧的新建住宅

图85　北京图书馆在北海内的住宅

在北海公园内部，经济植物园的北侧有18户园内职工住宅。在天王殿东侧有北京图书馆的7户职工住宅（图85），占用了古建文物，破坏了园林绿地，居住上也不方便，急需搬迁出园。

(2) 交通现状。旧城中心区因有旧皇城及紫禁城的阻隔，再加上六海的天然屏障，交通是不方便的。解放后有了很大改善，如改造金鳌玉蝀桥，保留了团城，形成了北京城内线形曲折、景色优美的

图83　国防部院内12层住宅与优美小巧的北海五龙亭极不谐调地共处在一起

图86　白塔与景山间的血防站宿舍楼

图87 改建后的金鳌玉蝀桥

一条文化街，是旧城改建中保护文物、谐调环境、改善交通最成功的一例。改建的大桥可通行无轨电车，可观白塔、团城、景山、故宫角楼诸景（图87）。

六海南临长安街，北临北二环路，中间有文津街和地安门西大街四条干道。东西向交通尚属方便。南北向交通较差，主要是西什库大街南北两端的瓶颈问题以及旧鼓楼大街和鼓楼大街的路面狭窄问题。今后随着首都的现代化发展，公共设施和机动车辆的增加，六海附近的交通、停车场等规划是一重要问题。

六海园林水系的内部交通：游园干路未形成环状，如后海原有环湖路但现在为首长住宅的高墙所阻断（图90），高墙还伸入水中，市民不能通行。积水潭的环湖路也为游泳场、西海旅店等沿湖占地所破坏，而且路面质量很差。前海环湖路因农贸市场而影响交通，这些问题今后均需妥善解决。以上是后三海的情况。北海的环湖路因金鳌玉蝀桥在园外而被卡断，造成园内不通园外通，桥下不通桥上通的局面，游人不得不走回头路，或者从西南门出园（图88）。北海内部小汽车频繁进出，有小轿车去植物园或仿膳的，有吉普车联系工作的，有冷藏车运食品的，三轮摩托运货的，甚至垃圾粪便车也在白天入园，横冲直撞，大煞风景。汽车卷起了尘土，排出了臭气，污染了环境。在公园内还一再鸣笛，把公园的幽静环境和安宁气氛完全破坏了。

水上交通：各海自成体系，互不连通。后三海只有一处游船码头，在德胜桥东，后海西岸（图89）。北海有游船450条，已达饱和状态，平日有漪澜堂到五龙亭摆渡，节假日因琼岛倚晴楼处拥挤，摆渡路线改为东岸船坞到五龙亭码头。并拟在西岸建迎翠楼船坞。

图89 后海码头

图90 后海南岸的环湖路为首长住宅所隔断

图88 团城望金鳌玉蝀桥

(3)商业网点：六海周围的商业网点比较少，仅鼓楼大街有一些商店。除此之外，前海北岸有一家烤肉季餐馆，比较有名（图91）。德胜桥东有一家餐馆。南北长街上也有一些为当地居民服务的商店，其它多为临时性服务设施。如什刹前海与北海之间的知青商店，午门至天安门之间的服务设施，对于大量游人以及当地居民还是不能满足要求

图91　烤肉季饭馆

图92　午门前煞风景的照像布景

的，并且搞了一些不伦不类的内容，破坏了文物古建的环境景观（图92）。

　　与此相反的是在公园内部增加了不少商业网点。琼华岛上的仿膳已把北海搞得乌烟瘴气了（图93、94）。 北岸又搞了北海餐厅，东岸陟山桥北又搞了知青饺子馆，还有冬季滑冰场的换鞋处也因仿膳占用而不得不临时建筑，影响观瞻，每年还得拆装，既不经济又不美观（图95）。另外还在公园内进行服装展销，挂起了"万国旗"，破坏了整个文物环境。在当前进行四化建设的过程中既要重视物质文明的建设，又要重视精神文明的建设；既要防治物质方面的环境污染，又要防治精神方面的环境污染。

(4)卫生环境：中南海周围的卫生情况良好，南北长街和府右街是北京城内最安静、清洁的街道。北海内部也是北京公园中经营管理比较好的。但园内施工材料大量堆放在西岸，有文化厅的钢屋架，修观音殿的木料和拆除的碑石等。东岸在修内部食堂也挖得到处是土，由于不文明施工对于整个城市和园林的面貌都有很大影响。北海仿膳由于杀鸡宰鹅，也污染了湖水影响了卫生。

　　后三海的卫生状况比较差，地铁的施工破坏了积水潭的西北角，积水潭的东岸也在挖沟埋管。后海北沿由于煤厂沿湖岸大量堆煤，影响卫生，雨季污染了湖水（图96）。什刹前海的农贸市场也影响了卫生和市容（图97、98）。

图93　琼岛北岸仿膳在冒烟

图94　仿膳的烟囱

图95　东岸的知青饺子馆与换鞋棚

图96 后海北岸的煤厂

图97 前海农贸市场

(三)文物、景观现状

(1)中南海：北京市一九五七年公布中南海为市级第一批重点古建文物保护单位，古建文物大部分保存完好，如南海的瀛台、静谷 丰泽园。东岸的云绘楼和清音阁于一九五四年迁至陶然亭公园的一处高台上（图99）。云绘楼与清音阁为南海船坞西北的一组临水古建筑,而陶然亭湖岸较高,岸上又建高台，台上放云绘楼，与原来和水面的关系完全不同，面目也就全非了。南海云绘楼旧址现为三层办公楼。云绘楼北原为日知阁，西北为韵古堂、淑清院俱已无存，仅余流水音一组，但其中又缺"千尺雪"（图100）。南海北岸有"俯清泚"一亭仍完好。与瀛台东岸的钓鱼亭东西相对（图101）。

图101 南海北岸"俯清泚"

图98 前海农贸市场垃圾箱

图99 迁至陶然亭公园的云绘楼和清音阁

图100 昔日流水音与千尺雪

图102 昔日静谷中的听鸿楼

图103 天坛公园中的双环亭

图104 昔日扇面亭前的石室

图105 透过双方亭可见祈年殿

静谷爱翠楼之西原有卍字廊，四面环水，缭绕如带。其南有双环亭、扇面亭、双方亭与卍字廊相连，组成一组水院。1973年修519地下工程时，将这一组水院拆除，后来把双环亭、扇面亭、双方亭移至天坛祈年殿之西，斋宫之北的两条轴线的交点上，但亭廊组合采用西式，天坛公园又无水景可借，所以并非原来水院意境（图103、105、106）。扇面亭的布置方式不是向心而是向外，亦摆错了方向。

南海扇面亭南面还有石室建筑，静谷中春耦斋南原有二层听鸿楼，与春耦斋隔池相对。以上二处古建筑现已无存。（图102、104）。

从流水音出东门为中央警卫局六层办公楼和礼堂，与整个古建园林，文物环境不相谐调，而且高度与体量亦过大，从天安门广场和中山公园中均可看到（图107、108、109）。

图106 昔日卍字廊与双环亭

图107 南海东岸的办公楼

图108 中山公园可见警卫局办公楼

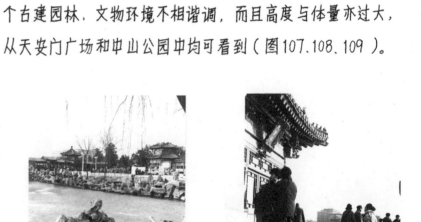

图109 瀛台迎薰亭望东岸

中海的主要古建筑有：怀仁堂（图49）、紫光阁（图51）、万善殿（图110）、千圣殿、水云榭等均保存完好。紫光阁之南原为游泳池，1966年8月以后，为毛泽东同志办公住所。

中南海沿府右街和文津街建了几幢二至四层的灰色砖楼，对园内的景观影响不大，但原来宫墙春柳的景观已不可见（图111）。从整个城市景观来看，中南海内部的用地和建筑也缺乏统筹布局和规划。从民国初年到解放之后几经改建，已不是昔日皇家园林的面貌。如南海丰泽园东侧原有稻田十亩一分，内有皇帝演耕地一亩三分。袁世凯在此建大礼堂一座。现为一日字形平面的二层楼，灰色坡顶，正对瀛台，阻挡了中海和南海在视线和景观上的联系。

春耦斋后面新建的五排双坡顶乳白色房屋，屋顶也是白色的，和游泳池的新建筑相同，在阳光下非常炫眼，与原有的琉璃瓦屋顶和青瓦屋顶在色彩上也极不谐调。

最煞风景的还是高层建筑。305医院和国防部大楼，虽然用了大屋顶和采用了灰色调，但以其巨大的体量和高度，使北海白塔相形之下矮了半截，五龙亭对比之中成了盆景。尤其国防部的十二层跃廊式住宅，从功能使用、体型高度，都给古城中心区的园林风景造成损害（图113）。

从南海向南和西南方向眺望也可看到前三门的高层住宅，民族宫、电报大楼、长话大楼等高层建筑（图112），缺乏和谐统一的整体感，破

图111 临府右街的中南海西门
原宫墙春柳的景观已不可见

图112 南海鸟瞰

图110 中海万善殿

图113 北海西岸的高层建筑

坏了原来北京城、有秩序、有韵律、有高潮的丰富优美的城市轮廓线。

北海与中南海原来都是皇家园林，金鳌玉蝀桥不仅是联系东西两岸的唯一要道，而且是眺望三海景色的唯一佳妙处。原来桥上为汉白玉栏杆，现在改为二米多高的铁栅栏，把原来的栏杆扔在天坛，使得白塔如在禁锢之中（图114、115）。

图114 昔日金鳌玉蝀桥

北海和团城为一九六一年国务院公布的第一批全国重点文物保护单位，北海内部文物古建大部分保存完好。但仍存在一些问题。

如北海西北岸的观音殿，又称小西天，建筑面积一千三百二十平方米，加上四角附属的亭子共一千九百平方米，年久失修，需要十七立方米木材和二百万元的大修费用。过去是有木材没有钱；现在是有钱没有木材。目前，殿内梁柱糟朽，雕塑被夷为平地，殿为杂草丛生，乱石遍地，急需整修（图116~118）。

北海西南门入口处新建一千三百五十平方米文化厅一座，内设座位一千零十八个。可放映电影兼作讲演用。屋顶拟用镀锌铁皮，钢屋架，现在钢筋混凝土排架已施工完毕，钢屋架堆放在现场，因资金不足和

图115 白塔在禁锢中

图116 观音殿内部

图117 观音殿水池内杂草丛生

图118 观音殿牌坊南乱石遍地

文物局有异议而停工。在全国重点文物保护单位北海公园之内兴建这样一个庞然大物，也是对文物景观的一个破坏。据说其资金来源是305医院赔偿占用的一百四十四间儿童乐园的费用。已经占用了北海的土地和房屋，又出钱在北海内盖这样的文娱措施，真是错上加错。

图119 濠观堂入口　　　图120 快雪堂西北角

图121 宝积楼与大温室　　图122 山石、水池及石幢

图123 昔日蚕坛已无存

北京图书馆书库占用的濠观堂、浴兰轩、快雪堂，也是年久失修，屋顶上长了蒿草，北京图书馆只知使用，不注意维修（图119、120）。

北京图书馆还在北海西岸相邻处新建刀字形科技期刊阅览楼一座，建筑面积三千九百六十五平方米，层高5.1米，三层总高16.87米，屋顶采用绿琉璃瓦卷棚歇山顶，与北海及北图的原有古建比较调和，并准备拆掉围墙改成栏杆，园馆互相借景，现正在施工中。但这种见缝插针，提高建筑密度的作法，也应加以控制。

北海经济植物园中，阐福寺正殿已无存。万佛楼因年久失修已于1957年拆除，并在旧址上盖起大玻璃温室与周围古建不相谐调。经济植物园中，现存的古建筑还有宝积楼、妙香亭，以及山石、水池及二石幢（图121、122）。

蚕坛现为北海幼儿园，其中古建四十三间。1978年对古建进行了抗震加固，费用为七十六万一千元。古建室内改为木地板，作为儿童活动室。另外对三千二百平方米的楼房也进行了抗震加固，费用为三十六万元。可惜昔日蚕坛现已无存（图123）。

后海北岸原摄政王府花园，现为中华人民共和国名誉主席宋庆龄同志故居，一九八一年国务院公布为全国重点文物保护单位。占地约44亩，园内假山、水池及建筑物保存完好。与此相邻的摄政王府，亦称醇王府，为北京市重点文物保护单位。原系明珠故宅，光绪十四年以贝子毓橚府第赏给醇亲王。民国十三年宣统出宫，先住在此，后移居天津。总占地2.92公顷。现为卫生部占用，国家医药总局，全国爱国卫生运动委员会，健康报社也在内办公，共有职工一千余人。为适应机关办公用，周围廊全部封闭作为室内面积，并安装了暖

图124 卫生部入口大门

图125 醇王府后院二层楼

图126 醇王府的附属用房

气和电讯设备。古建筑保存完好。有汽车四十余部，缺乏停车场地。卫生部与宋庆龄故居之间为国务院招待所。卫生部东侧第二聋哑学校亦为醇王府的附属用房（图124~126），整个醇王府为当时北京最大的王府。

广化寺：在后海北岸鸦儿胡同，北京市重点文物保护单位。民国时为协和修道院。有明怀宗赐曹化淳御笔草书碑。现为北京市佛教协会，有僧、尼、道、基督徒共百余人，另有太监二名，都已高龄。东路为北京自动仪表厂占用，院内新建四层楼，破坏了文物环境。目前大殿保存完好，可进行宗教活动。西侧院为居住用房（图127~131）。

恭王府：在前海西街，为北京市重点文物保护单位。乾隆年间为和珅府第，嘉庆四年和珅获罪抄家，府第分给庆僖亲王永璘和固伦和

图127 广化寺山门

图128 广化寺与东侧的仪表厂高楼

图129 广化寺大殿

图130 广化寺西侧院

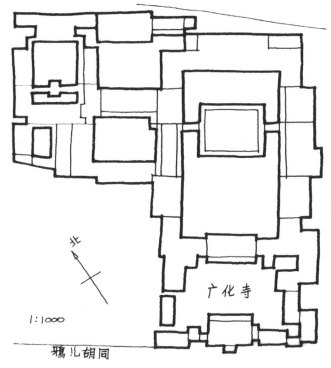

图131 广化寺平面图

北

1:1000

广化寺

鸦儿胡同

孝公主。咸丰二年改赐恭亲王奕䜣，并进行修缮。同治年间又重修。现占地3.1公顷，萃锦园占地2.57公顷。恭王府分左、中、右三路，都有轴线。中路前部为三开间大门，置石狮一对。里面是五开间二门。正殿及东西庑房民国时已焚毁。后面为五开间硬山顶后殿。再后为长一百五十米的二层楼，名宝约楼和瞻霁楼，今通称九十九间半，为清代王府惯用制度。东路现存两进房三个院落，正房庑房皆五开间。西路现存三进房四个院落，建筑较为小巧精致，最

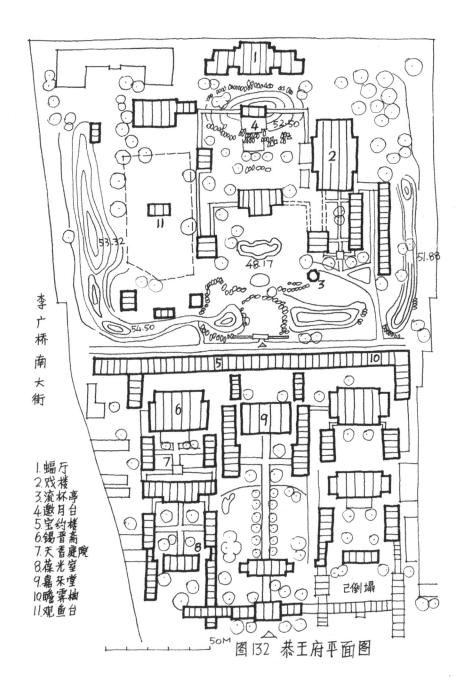

李广桥南大街

1. 蝠厅
2. 戏楼
3. 流杯亭
4. 邀月台
5. 宝约楼
6. 锡晋斋
7. 天香庭院
8. 葆光室
9. 嘉乐堂
10. 瞻霁楼
11. 观鱼台

50M

图132 恭王府平面图

已倒塌

图133　恭王府及萃锦园模型

后一进名为"天香庭院"，院内有精巧的垂花门一座，正房名"锡晋斋"，面阔七开间，后出五开间抱厦，平面为凸字形。内部正中为三开间大厅，天花高挂，达于屋架之下。厅东、西、北三面是二层的仙楼，有雕饰精美的楠木装修，还有碧纱橱、槛窗和栏杆。现为中国音乐学院、文化艺术研究院和出版社占用，并在大门两侧建二幢四层教学楼，在体型高度和定位轴线上都与原古建极不谐调。另外还在东侧建食堂一座。

恭王府的后花园名叫萃锦园，园内建筑也分左、中、右三路。中路轴线与王府的轴线一气贯通。园中路轴线上自南而北为洋式门宇一座，石峰及幅形水池，后面为五开间的抱厦厅，厅北是一座全园最高的假山，山上有"邀月台"，山顶有三开间盝顶房一座，山洞中有康熙御笔"福"字碑。再北面为体量宏大、平面呈蝙蝠状的"蝠厅"，还有左右对称的爬山游廊，轴线明显，布局规整（参见杨乃济《谈恭王府》和周汝昌《恭王府考》，图133、132）。

园东路主体建筑是一座戏楼和一进带垂花门的院落。原为厂桥空调机厂占用，现已迁出。园西路是三座厅房。中间一座厅房建于水池中央的石台上，原系三间敞厅，名"观鱼台"。民国时，已改装上封闭的前后檐装修，水池现已填平，完全无鱼可观了。现在园中路、园西路为公安部宿舍。整个恭王府及其花园，在王府中保存最为完整，并因有红楼梦大观园之说，具有重要的历史文物价值，现已列为全国文物重点保护单位。

后三海周围的其它文物古建还有：龙华寺和火神庙。龙华寺始建于明代，明成化三年锦衣卫指挥佥事万贵创建，宪宗赐额曰龙华寺。清康熙五十二年奉敕改名瑞应寺。从乾隆京城图中所绘之龙华寺和瑞应寺可知现存的龙华寺是小龙华寺，瑞应寺已无存，现为后海幼儿园占用，现存古建筑尚完整（图134）。

图134　小龙华寺—后海幼儿园

地安门大街和义溜胡同之间有火神庙，唐代贞观旧址，元至元六年重修，明万历三十三年，改增碧瓦至阁。前殿为隆恩殿，后殿为万岁景灵阁，东西为辅圣、弼灵殿。殿后水亭可望北湖，现已无存。清代乾

图135　火神庙山门

隆年间重修山门及后阁，改用黄瓦，后院有关帝殿、玉皇阁、斗母阁。现存建筑布局完整，但年久失修，为公安局队占用（图135）。

北海与景山之间有大高玄殿，明嘉靖二十一年（1542年）始建，建筑精巧，为明清皇室的私庙。一九五七年公布为北京市第一批古建文物重点保护单位。现为总参服务处占用，古建筑年久失修，而这些新建筑对大高玄殿的环境以及整个北海与景山的景观连系起了很大破坏作用（图137）。内部还有几十部汽车和汽车库，前半部为工程队，有电焊机及木门窗，容易引起火灾。

六海的土地使用现状：前三海以行政办公用地为主，占总用地的21.22％，其次为绿地占17.71％，公共建筑占14.2％，居住等用地占44.96％（见图138，前三海土地使用现状图）。房屋质量较好，无Ⅲ级房屋，Ⅰ级房屋占51.68％，Ⅱ级占32.67％，水面占15.65％（见图139，前三海房屋质量现状图）。

后三海居住等用地占74.66％，水面占8.27％，其余为工业、公建、绿地、行政等用地各占1~4％左右（图140）。后三海的房屋质量亦比较差，Ⅲ级房屋占2.7％，Ⅱ级房屋占70.36％，Ⅰ级房屋只占18.66％，和前三海在土地使用和房屋质量上有明显的不同（图141），这也为长远规划改建，提供了有利条件。

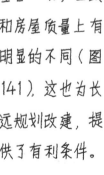

火溜河沿　什刹前海

地安门大街

火神庙

1:1000

图136　火神庙平面图

图137　北海、景山之间的大高玄殿

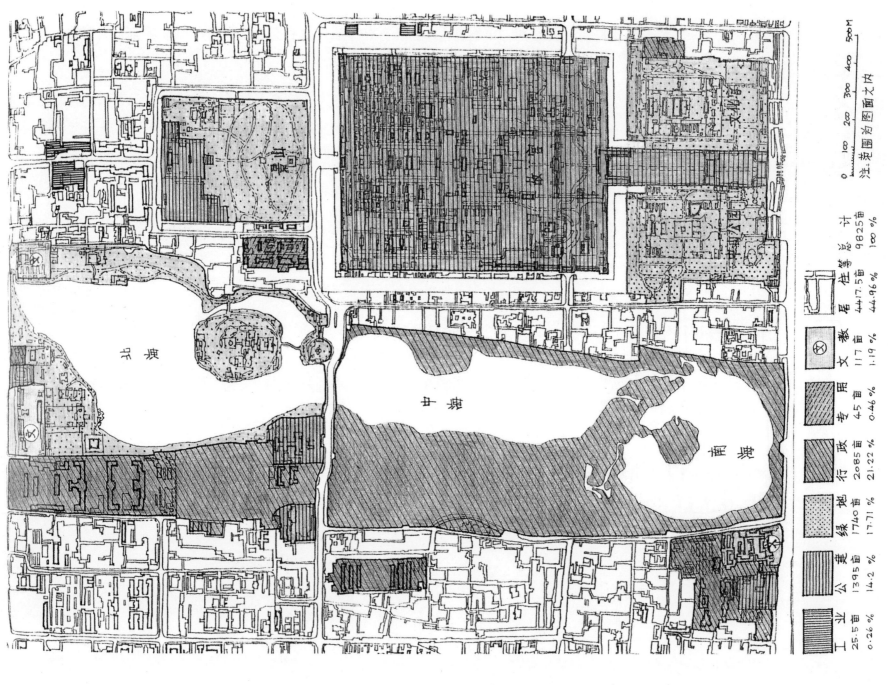

图138 前三海及其周围土地使用现状图

北海

前海

中海

南海

工业 25.5亩 0.26%

公共 1395亩 14.2%

绿地 1740亩 17.71%

行政 2085亩 21.22%

专用 45亩 0.46%

文教 117亩 1.19%

居住 4417.5亩 44.96%

总计 9825亩 100%

注：凡范围对象图面文内

0 100 200 300 400 500M

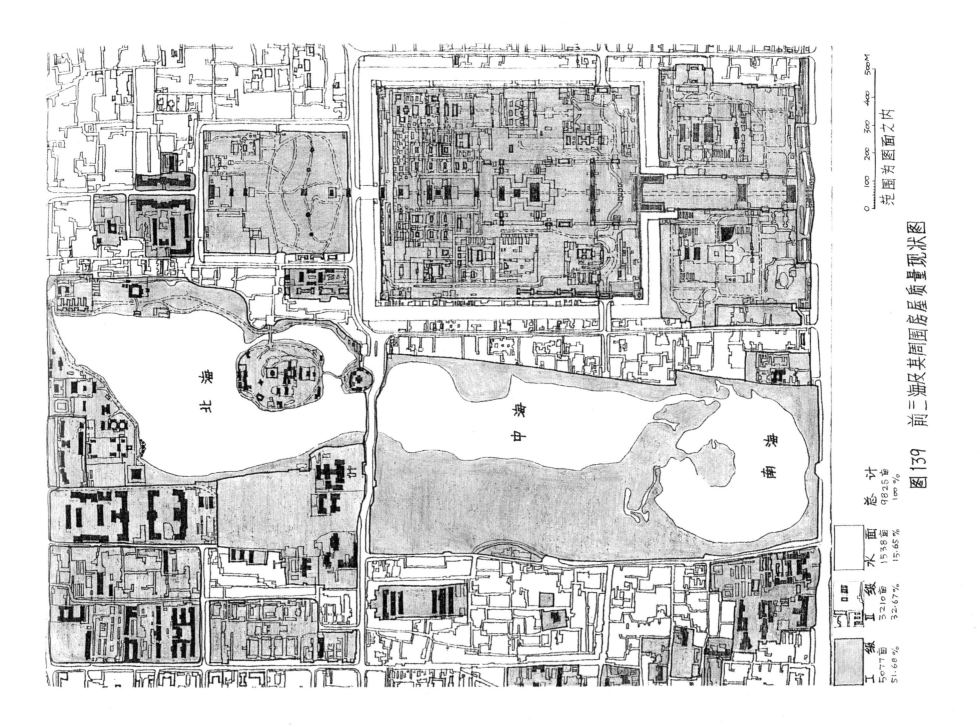

北海

中海

南海

范围为图面之内

0 100 200 300 400 500M

图 139 前三海及其周围居民房屋质量现状图

I级
5077亩
51·68%

II级
3210亩
32·67%

III·IV级
1538亩
15·65%

水面

总计
9825亩
100%

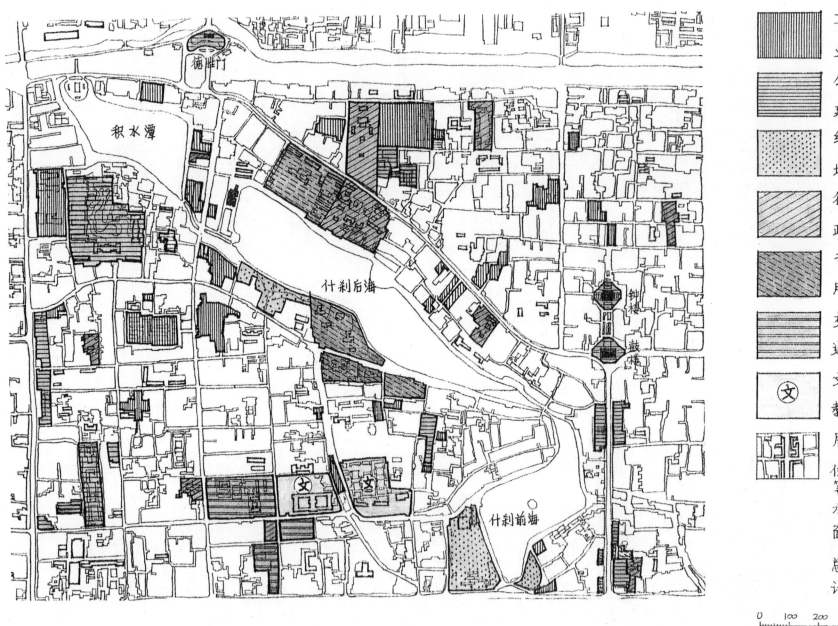
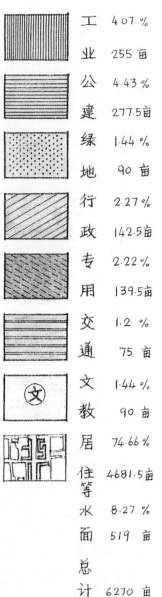

	工业	4.07 %	255 亩
公建	4.43 %	277.5 亩
绿地	1.44 %	90 亩
行政	2.27 %	142.5 亩
专用	2.22 %	139.5 亩
交通	1.2 %	75 亩
文教	1.44 %	90 亩
居住等	74.66 %	4681.5 亩
水面	8.27 %	519 亩
总计		6270 亩

0 100 200 300 400 500M

图140 后三海及其周围土地使用现状图　　　注: 范围为图面之内

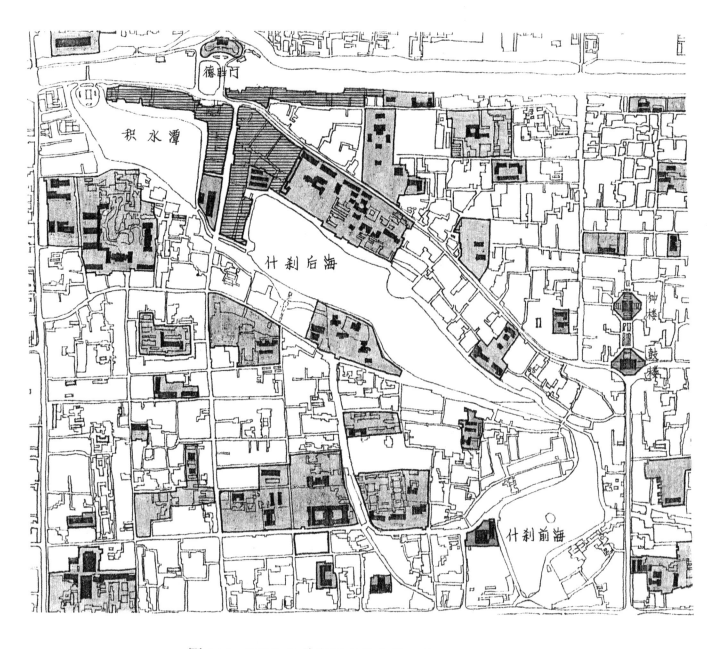

图141 后三海及其周围房屋质量现状图　　　　注：范围为图面之内

Ⅰ级	18.66%	1170亩
Ⅱ级	70.36%	4411.5亩
Ⅲ级	2.7%	169.5亩
水面	8.28%	519亩
总计	100%	6270亩

一、六海的现状　**55**

二、六海存在的矛盾

(一) 环境容量上的矛盾

(1) 水面和绿化日益减少。从元代的积水潭和太液池到明清二朝的六海，水面已经大大缩小。元代积水潭面积约为1800亩，到明清时缩小了1281亩，只有519亩了，缩小了三分之二强。明代开凿南海使得前三海面积比元代太液池增加了173亩，但是入不敷出，整个六海水面还是减少了大约一千亩，这大约经历了五个世纪。乾隆以后到现在又经历二百多年的时间，六海又继续缩小了四百三十一亩，和元、明、清三朝湖面缩小的速度相近，即以每年减少二亩的速度在缩小，虽然这一变化受到湖泊从贫营养湖到富营养湖再到沼泽的迁移规律的影响，但是六海更多地受到人工的改造，如明代城墙位置的迁移，和南海的开凿对六海水面影响很大（表1）。

(2) 游人数量激增，且不平衡。从元代开始一直到现在，人口在不断增加，房屋建筑密度也在不断增加，所以汪洋如海的积水潭和太液池今天已经变了样，高楼林立，人烟密集，六海的环境容量发生了很大变化，后三海比前三海更为严重，不仅水面缩小，绿地也被

北京六海面积、岸线长度以及和乾隆地图水面的比较　　　　表1

各 称		总面积（亩）	陆地面积（亩）	水面面积（亩）	岸线长度（里）	乾隆地图水面面积（亩）	现状水面缩小亩数
后三海	积水潭	165	67	98	2.46	120	22
	后 海	369	98	271	4.88	406	135
	前 海	173	23	150	2.46	217	67
	小 计	707	188	519	9.8	743	224
前三海	北 海	1020	450	570	9.24	655	85
	中 海	1010	633	377	6.14	477	100
	南 海	533	227	306	4.7	328	22
	小 计	2553	1310	1253	20.08	1461	207
六海总计		3260	1498	1772	29.88	2104	431

注：1750年乾隆京城地图比例尺约为1:650，日本人缩印为1:2600，本表数字根据缩印图测得。

名称	总面积(公顷)	水面(公顷)	陆地(公顷)	全年人数游(万人)	平均每天游人(人)	总占地/日游人数(M²/人)	日游人最大值(万人)	游船数(只)	水面面积/游船数(M²/只)	陆地面积/日游人最大值(M²/人)	全年外宾数(人)	备注
北海	68	38	30	938	25698	26.46	55.6	450	844	0.54	117787	1979年数
景山	23	0	23	440	12054	19.08	37	0	0	0.62	24189	注1.
南海	35.53	20.4	15.13	57.2	1567	226.7	1.1	20	1020	13.75	0	
中山公园	22	2.75	19.25	850	23287	9.44	45.1	50	550	0.43	48142	
文化宫	19.72	2.75	16.97	714	19561	10.08	27	15	1830	0.63	7077	
天坛	273	0	273	750	20547	132.86	14.44	0	0	18.9	353579	天坛已被外单位占去外坛南部,故不足273ha
陶然亭	59	20	39	267	7315	80.65	1.6	250	800	24.37	/	
颐和园	290	217	73	618.6	16947	171.12	15	500	4340	4.86	129125	
紫竹院	39.5	14.42	25.08	162.5	4452	88.72	8.99	150	960	2.79	2486	
故宫	72	0	72	564.3	15460	46.57	6.5	0	0	11.1	200358	
总 计	901.75	315.32	586.43	5361.6	146888		212.33	1435			882743	

北京市区主要公园用地、水面、游人、游船比较　　　　表2

注：景山公园的一部分用地为北京少年宫占用,占地5万M²,建筑面积1万M²,右建筑年久失修,
作为少年儿童活动用木不适合,曾发生寿皇门失火事件。北京市有小学生200万,中学生70万,此
少年宫每日仅容纳1200人。而平壤少年宫,建筑面积5.7万M²,日容纳儿童12000人。

大量侵占。从表2中可以看出环境容量的饱和与公园绿地的缺乏,以及各个公园的不均衡状况。北海公园的全年游人总数和日游人最大值在十个公园中均占第一位。

图142　1978年3月1日北海重新开放游人如织

图143　北海公园游船如梭

北海、景山和中山公园又是游人密度最大的公园，以北海为例：陆地面积与日游人最大值相比仅为 0.54 M²/人，因为北海有水面、有文物，又处于市中心，所以成为公园中最吸引人的一个。其它公园各有特点，如故宫游人中、外地游人和外宾占很大比重，全年游人也比较均衡。天坛面积虽大，但无水面，游览内容也比较少，本市游人不多，外宾和外地游人较多。颐和园虽然很好但地处西北郊，且面积较大，所以游人压力也不如北海和中山公园。从水面游船看，北海有三十八公顷水面，四百五十只游船，平均每只游船占用水面八百四十四平方米，也已经达到饱和状态，急需开辟新的水面。北海曾安排过五百条游船，就发生了碰坏人和船的事故。与此相反，后海的一百条游艇利用率很低，平日很少有人去划船，国庆节也才有几十条船在湖上。其它如紫竹院、陶然亭、筒子河等公园水面游艇利用率也不高。冰上活动亦如此，以北海公园人最多，后海因免费开放，滑冰的人也不少，冬季冰上活动是北方公园一大特色（图144～153）（表3）。

图144　前海"十·一"

图145　后海"十·一"

图146　积水潭"十·一"

图147　紫竹院游船

图148　陶然亭游船

图149　筒子河游船

图150　玉渊潭游船

图151　北海滑冰

图152　北海滑冰

图153　后海滑冰

一九八〇年北京主要公园游人逐月变化　　　　（单位：千人）表3

名称 月分		北海	景山	颐和园	陶然亭	中山公园	故宫	紫竹院	天坛	总计
1月 (31天)	小计	379.88	132.78	150.97	150.44	384.48	284.57	57.32	136.4	1676.84
	日平均	12.25	4.28	4.87	4.85	12.4	9.18	1.85	4.4	54.09
2月 (29天)	小计	447.47	172.31	177.51	97.16	502.28	245.95	72.61	111.96	1827.25
	日平均	15.43	5.94	6.12	3.35	17.32	8.48	2.5	3.86	63.
3月 (31天)	小计	398.19	173.97	332.17	68.99	502.72	319.41	52.32	177.88	2015.65
	日平均	12.55	5.61	10.39	2.22	16.22	10.3	1.69	5.74	65.02
4月 (30天)	小计	693.81	204.31	866.01	175.87	656.08	326.7	99.79	222.64	3245.21
	日平均	23.13	6.81	28.86	5.86	21.87	10.89	3.33	7.42	108.17
5月 (31天)	小计	1447.19	450.74	1086.92	457.7	1463.52	431.94	115.39	271.92	5725.32
	日平均	46.68	14.54	35.06	14.76	47.21	15.46	3.72	8.77	184.68
6月 (30天)	小计	683.81	202.19	451.85	222.28	1025.95	283.44	129.95	303.36	3302.83
	日平均	22.79	6.74	15.06	7.4	34.2	9.45	4.33	10.11	110.09
7月 (31天)	小计	960.79	330.97	639.51	282.22	666.59	481.79	188.14	405.78	3955.79
	日平均	30.99	10.68	20.63	9.1	21.5	15.54	6.07	13.06	127.6
8月 (31天)	小计	1339.37	442.61	823.09	470.18	1121.44	687.74	204.73	495.46	5584.62
	日平均	43.2	14.28	26.55	15.17	36.17	22.19	6.6	15.98	180.15
9月 (30天)	小计	654.7	300.29	504.91	170.61	615.29	545.07	122.33	209.5	3122.7
	日平均	21.82	10.01	16.83	5.68	20.5	18.19	4.08	6.98	104.09
10月 (31天)	小计	1143.45	499.89	612.14	303.14	979.79	645.43	95.84	280.92	4560.6
	日平均	36.89	16.13	19.75	9.78	31.61	20.82	3.09	9.06	147.12
11月 (30天)	小计	569.59	216.79	314.61	109.09	348.02	503.72	62.71	213.66	2338.19
	日平均	18.99	7.23	10.49	3.64	11.6	16.79	2.09	7.122	77.94
12月 (31天)	小计	303.34	156.76	249.79	163.87	229.43	452.72	78.31	98.7	1732.86
	日平均	9.79	5.06	8.06	5.28	7.4	14.6	2.53	3.18	55.9
总计 (366天)	小计	9021.59	3283.61	6199.48	2671.49	8495.59	5208.48	1279.44	2928.18	39087.86
	日平均	24.65	8.97	16.94	7.3	23.21	14.23	3.5	8.0	106.8

(3) 游人数节假日变化悬殊：从北京几个主要公园全年游人的变化和北海公园每日游人的变化也可以看出，随季节和节假日的不同，游人变化的不均衡性，以及每个星期天出现的周期性小高峰，七个免费开放的节日，而现超负荷的大高峰，以五、一为最严重，北海达到最高日游人数55.6万人，以致北海公园出现二次游人死伤事故都已说明环境容量的饱和，并引起环境质量的下降（见附录3，表4、5）。

北京主要公园游人数比较　　　表4

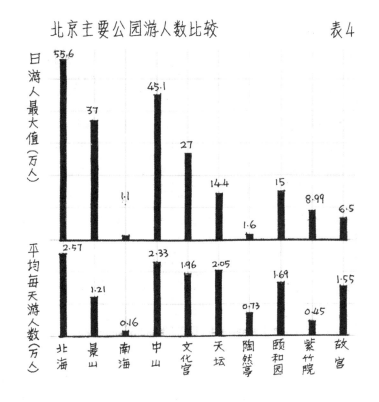

日游人最大值（万人）：北海 55.6，景山 37，南海 1.1，中山 45.1，文化宫 27，天坛 14.4，陶然亭 1.6，颐和园 15，紫竹院 8.99，故宫 6.5

平均每天游人数（万人）：北海 2.57，景山 1.21，南海 0.16，中山 2.33，文化宫 1.96，天坛 2.05，陶然亭 0.73，颐和园 1.69，紫竹院 0.45，故宫 1.55

北京主要公园游人占地面积比较 表5

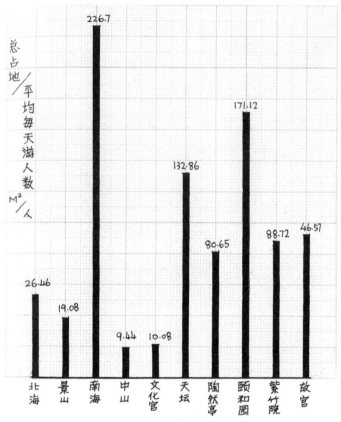

(4)与国内外比较，北京城区绿地面积较小，极需扩大。

北京市的公共绿地面积和世界上一些国家的首都及主要城市相比，除了东京之外，每人平均绿地面积是最少的，在绿地总面积上也是比较少的。在各国首都中，华盛顿、莫斯科、巴黎在绿地总面积和每人平均绿地面积方面都名列前茅，而且靠近河流或海洋，有比较大的水面。相比之下北京的绿地面积和它的首都地位是不相称的；和联合国的绿地定额：市区内绿地60M²/人，相差更是太远了（表6）。

北京绿地面积和世界主要城市绿地面积比较　表6

城市名称	城市人口（万人）	绿地面积（M²/人）	绿地总面积（公顷）	统计年代
纽　约	771	19.2	14803.2	1974
华盛顿	76.4	40.8	3117.1	1974
巴　黎	300	24.7	7410.	1974
伦　敦	850	22.8	19380.	1974
斯德哥尔摩	70.2	68.3	4787.6	1973
柏　林	322	14.4	4636.8	1974
平　壤	70	14.	980.	1966
莫斯科	629.6	37	23295.	1977
列宁格勒	349.8	16.7	5841.7	1963
东　京	1002.9	1.15	1153.3	1974
北　京	380	3.9	1482.	1977

从以上附表中可以看出：北海在全年总游人数中名列第一，达902万人，日平均游人数也是最高的一个，达到二万五千人左右。北京主要公园的全年游人总数已达三千九百万人次，这表明了人们对于旅游和园林日益增长的需要。按月和季节虽然有所变化，但总的说来还是比较均衡的，其中北海、景山、中山公园压力最大，而陶然亭、紫竹院和天坛吸引力还不够。

北京和国内一些城市公共绿地比较　表7

城市名称	公共绿地总面积(公顷)	城市人口每人占绿地(M²/人)	绿化复盖率%
苏 州	63.65	1.4	
南 京	749.7	4.5	
杭 州	348.94	4.78	10.05%
绍 兴	33.2	3.3	
无 锡	121.7	1.26	8.7%
济 南	163.	1.9	
镇 江	25.6	1.21	9.26%
洛 阳	68.	1.49	
北 京	1482.	3.9	

注：北京数字为1977年统计。

但是，北京和国内一些城市相比公共绿地还是比较多的，和绿化较好的城市，如南京、杭州相比又有差距。其中南京的指标未计算莫愁湖水面36.54公顷和玄武湖水面350公顷。杭州的指标只是计算了西湖风景点，未计西湖水面及山林绿地。

根据北京市规划局绿地组提供的一九七五年北京绿地情况如下表8：

项目	绿地范围	总面积(公顷)	个 数	每人平均绿地面积(M²/人)
一	公共绿地·防护林带·苗圃等总绿化面积	2784		7.6
二	公 共 绿 地	2063	44	5.6
三	建成区公园绿地	1270	32	3.5
四	二环路内公园绿地	605.99	17	3.67
五	内城划界公园绿地	193.57	12	2.15

从上面二表可以看出，我国的城市绿化水平是比较低的，和世界先进国家相比，差距很大。自己国内各城市之间的发展也不均衡，所以在加强全国普遍绿化的同时，要重点抓城市绿化；在抓城市绿化的同时首先要抓好首都的绿化；在抓首都绿化的同时首先要抓好中心区的绿化。也就是说，要改善内城区公园绿地的状况，其措施有二，一是疏散人口，二是扩大绿地，改变每人2.15M²的落后局面。

(二) 环境质量上的矛盾

(1)水体污染。六海是长河水系的一部分，长河是河湖相连的水系，起源于玉泉山终止于筒子河，全长二十二公里。由南长河、北长河、昆明湖、什刹海、北海、中南海等几个河湖串连而成。长河上游是北京一个水厂的水源，沿河湖是市内重要的游览、游泳水域。其污染状况，根据一九七三年北京市的调查结果如下：

从一般污染指标可看出此水系受到有机物的污染，高梁桥至一轧钢河段受污染最重，积水潭至南海湖水，一方面得到净化，另一方面又受到游泳、生活污水的污染. 鱼饵及藻类死亡的影响. 现在北京市已决定从1982年起把主要污染源一轧钢迁至首钢, 其12公顷用地改为大型食品厂.

酚、氰、汞、铬、砷五种毒物的污染较轻. 相对氰的析出较高, 汞在湖泥中有较高的积累. 因此, 长河水系水源保护的重点在于白石桥至积水潭段的工厂废水、污水、粪便水、垃圾、动物园的畜禽污水、污灌回水的治理, 并搞好湖泊的水质管理和切断污染源, 以及京密引水水源的保护.

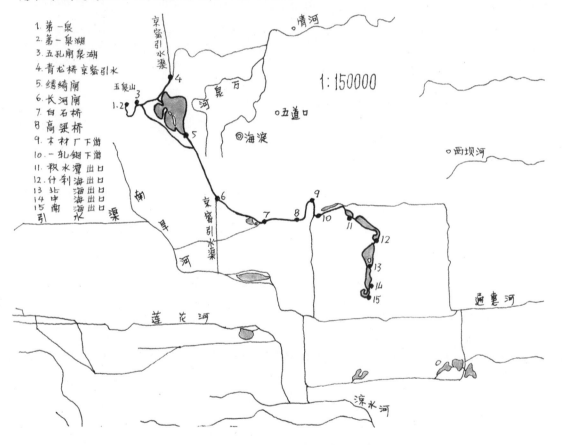

1. 第一泉
2. 第一泉湖
3. 五孔闸泉湖
4. 青龙桥京密引水
5. 绣绮闸
6. 长河闸
7. 白石桥
8. 高梁桥
9. 木材厂下湖
10. 一轧钢下湖
11. 积水潭
12. 什刹海
13. 北海
14. 中海
15. 中南海

1:150000

图154 长河水系取样点分布

图155 玉泉山长河之源

图158 绣漪桥望玉泉山

图156 玉泉山牌坊

图159 绣漪桥望长河

图157 玉泉山望佛香阁

图160 紫竹院长河

从分析结果可以看出：玉泉山泉湖水水质最好，但也有轻微的污染，往下游逐渐加重，尤其从长河闸开始明显加重，至一轧钢下游污染最重，各项指标都升至高峰，进入几个湖泊后开始自净，至中南海水质大为好转，但也存在一定的污染。

污染源初步调查：沿河系有40多个单位，污水直接入河的有20个，其它入万泉河、清河及凉水河水系，从而大大减轻了长河的污染。污水直接入长河的有：青龙桥大队养鸭场；颐和园；海淀酱油厂；中央团校；第一皮鞋厂；紫竹院公园；北京体育馆；动物园；制药四分厂；三通用铸造车间；铁道部电务器材厂；西直门火车站；铁路工务段；木材公司；粮食仓库；第一轧钢

图161　长河水系的终点 —— 筒子河

厂；积水潭游泳池，什刹海游泳池；厂桥装钉厂，北海公园等单位，加上沿河居民区生活污水入河的管道及明渠共有67处以上，总污水量为2.5至4万吨。六海的污染除来自上游外，夏季主要来自游泳池。积水潭医院及有机玻璃厂的污水虽排入市政管道，但雨季仍有对长河污染的可能。积水潭医院已建放射性钴、镭治疗室。什刹海岸边有厂桥装钉厂，排出含砷废水，现已停产。北海公园园内生活污水、厕所粪便水溢流，果皮、废物、农药、照像洗印废水均为水污染源。另外，国防科委、工办的污水虽入市政管道，但也有污染的可能。北大医院有一雨水管道入北海西南角，尚未堵死，该医院设有放射性治疗室，暴雨期尤其值得注意（图154～161）。

(2) 拥挤。旧城区是北京的精华，当前又是矛盾的焦点，核心问题是"挤"。六十二平方公里的旧城之内住了一百八十万人，平均每公顷304人，而东京是每公顷144人，巴黎是每公顷247人，纽约曼哈顿区每公顷312人，北京旧城区的人口密度和曼哈顿区不相上下。不仅居住拥挤、交通拥挤、而且公园绿地内也很拥挤，最挤的地方在北海，以1981年国庆节为例，积水潭只有二人游泳，十几个人钓鱼，后海有四五十条船在水上活动，前海只有两只帆船，小游园中有几百人。　而北海游人达几十万，游船450条全部下水，民警水上巡逻，警卫全园值班，而团城、画舫斋、静心斋、快雪堂等处群众不得进入，只好沿湖转圈，虽是免费开放，已无游园之意。

(3) 混杂。土地使用混乱，工厂、仓库、机关、学校与公园绿地，文物古迹，交相混杂，问题长期积累，旧城改建困难（见六海土地使用现状，图138、140）。前三海西侧为中央党、政、军行政办公用地，但内部又夹建了住宅、医院及警卫用房。北海内部也乱建了一些餐厅、文化厅之类的新建筑，内部食堂、居民住户、知青商店与文物古建混杂在一起。后三海就更为严重，工业与居住混杂，各家竟相侵入绿地，成为一种犬牙交错的局面。

(4) 破旧：以后三海为典型，以城根为最突出（见六海房屋质量现状，图139、141）。居住房屋破旧，文物古迹失修，园林绿地被占。后三海位置偏僻，劳动人民聚居。过去称为穷西北套，如后海北沿、鸦儿胡同、金丝套、北官房等处居住条件差，交通购物不便，寺庙园林多半已毁。积水潭湖滨绿地被侵占得最多，在后三海中又是最差的一处。

从以上分析可以看出：前三海环境质量较好，但环境容量（特别是北海）矛盾突出，游人拥挤。因此，有条件开放中南海是缓和矛盾的有力措施。后三海具有较好的水面，但缺乏陆地绿化，又缺乏活动内容。因此，有计划、有步骤开发后三海是改善中心区绿化环境，扩大旅游和市民活动空间的重要出路。应把六海看成一个整体，作为古城中心区改建规划的重要内容来统一考虑，这已是落实中央书记处四项指示，建设首都物质和精神文明刻不容缓的事情。

第三部分
六海未来规划设想

一、六海的性质和范围

(一) 中南海——革命历史文物公园

历史上前三海都是皇家禁苑。一九二八年以后，中南海一度开放为公园。解放后，中南海是党中央和国务院的所在地，是毛主席、周总理等老一辈革命家居住和工作过的地方。一九五七年中南海被列为北京市第一批文物古建保护单位。现在定期开放南海为群众参观游览，已经成为包含历史文物和革命文物的公园绿地。鉴于它在历史上的重要地位和新中国成立后所赋予它的新的革命内容，应当把它从北京市级文物保护单位升级为全国重点文物保护单位。这是恰如其分的。在它西侧的党中央和国务院的行政办公用地仍需保留，并可跨过府右街向西发展，在府右街两侧形成一个政治中心，用地下通道连成一个整体。

关于六海园林水系保护范围的划定，建议分为三区，即绝对保护区，一般保护区和影响范围。

绝对保护区：即文物、古建、园林用地本身，其范围大小应根据历史原状，并结合一九四九年的实际使用情况加以划定。绝对保护区内不准添建新建筑，亦不准任意拆迁改建古建筑、园林、碑刻、古树名木等，以保证文物本身的历史原貌不变，并加以妥善的维修保护。

一般保护区：主要指与绝对保护区的风景文物有历史关系或有发展联系的地区。如：北海与景山之间；故宫与中南海之间；什刹海与钟鼓楼之间；积水潭与德胜门之间，这些地区划为一般保护区，便于对文物风景区成片地加以保护。一般保护区内，要进行环境保护与普遍绿化。尤其在绝对保护区之外20至50米范围之内要重点进行绿化。并根据重点保护单位的级别，以及景观和视线要求，对新建筑的性质、密度、高度、体量、形式、色彩等加以严格限制。

影响范围：为了确保建筑的谐调和周围环境的整洁、宁静，不允许对文物古建的环境进行污染和破坏，要限制诸如产生噪声、对空气和水体有污染以及易燃易爆的单位。并根据文物保护单位的级别，以及景观和视线要求，对影响范围内的建筑物、构筑物的性质、密度、高度、体量、形式、色彩等加以一定的限制。

中南海的保护范围，可按上述原则分为三区（图162）。绝对保护区：即原西苑范围之内（可参照一九三二年北平市工务局测绘图，图35，第22页），并以一九四九年中南海的范围为根据，确定这一重点文物的绝对保护区。皇家苑林作为历史文物，中央办公处所和老一辈革命家故居作为革命文物，二者结合起来，统一考虑。绝对保护区面积约为1410亩，其中水面约700亩。

一般保护区为府右街以东，南北长街以西，长安街以北，文津街以南地区。面积共为522亩左右，其中府右街以东207亩，民国时为北平市政府，原为集灵囿，清末建摄政王府于此（见旧都文物略）。南北长街以西315亩。南长街东有织女桥，西有昇平署。北长街有班禅驻京办事处，原为福佑寺是康熙帝幼时住所。在故宫与三海之间，均为有历史关系的地区。并且拟作为市中心绿地加以扩大，连成一片，所以也是与前三海有发展联系的地区。

影响范围为旧皇城之内，即以皇城根为界，向南直通到长安街，面积约为870亩。此块用地可作为中央和国务院新的办公用地。

中南海公园的范围以图162中虚线为界，包括紫光阁和游泳池以及整个南海，面积共1100亩左右，考虑到土地使用的现状，绝对保护区中仍有310亩作为中央办公用地，加上府右街东侧的207亩共517亩。再加上影响范围内扩大的870亩共1387亩。与原来的行政办公用地相比扩大了587亩。这样一来，既扩大了市中心的公园绿地，又扩大了中央的行政办公用地。

(二) 北海——历史文物公园

北海作为皇家园林已有八百年的历史。一九二五年开放为公园以来到现在也有五十六年的历史。一九六一年国务院公布北海和团城为全国第一批重点文物保护单位。所以北海既是历史文物，又是城区最好的公园，因此宜作为历史文物公园。其绝对保护区应以一九四九年的用地为准。文革期间，305医院占用的西岸儿童乐园一百四十四间，占地约三十七亩，应归还北海公园。地安门大街以南，景山西街以西，旃坛寺大街以东为一般保护区，共768亩。养蜂夹道以东各处，原为明代玉熙宫旧址，民国时改为妇产科医院及国立北平图书馆。黄城根以东，旃坛寺大街以西，西安门大街以北，地安门西大街以南地区为影响范围共计705亩。亦可考虑作为行政办公的发展用地（图162）。

整个皇城范围之内，作为首都政治中心和文化古迹中心的综合体，应配以必要的商业、交通和居住用地。前三海作为国家重点文物和市中心公园，其绝对保护区内的革命、历史文物均应保持原状，园林布局也应保持原貌，已经拆迁和改建的重要古建，如南海的卍字廊、双环亭、云绘楼等应逐步加以复原。被其他单位占用的土地和房屋应限期退还，如北海幼儿园、快雪堂、琉璃阁等。在绝对保护区内新建的影响观瞻的房屋应逐步加以拆除，并不在新建。而且要植树栽花、增加绿化。

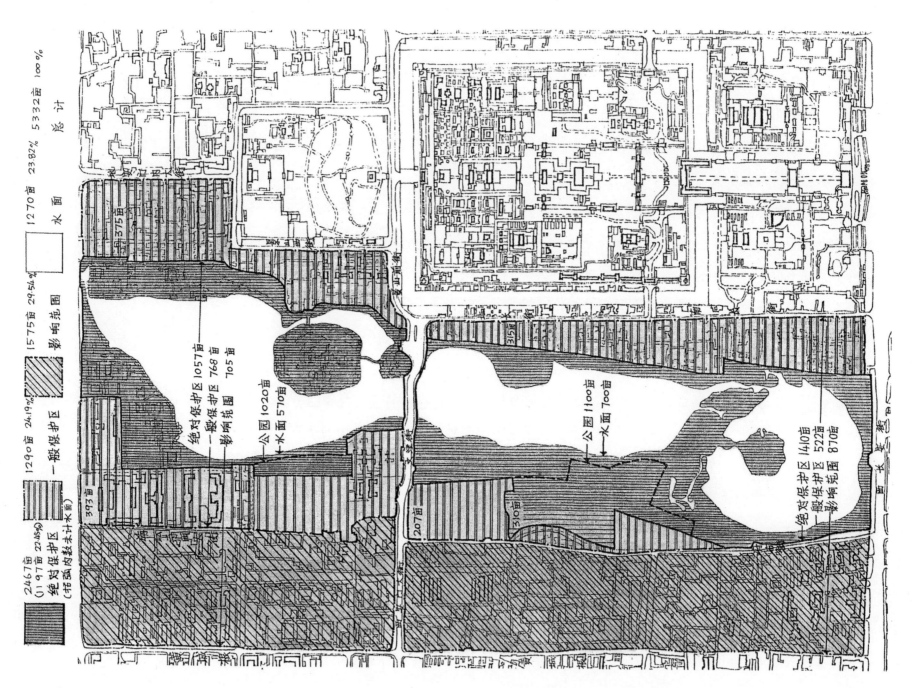

图162 前三海保护区规划

在一般保护区中，房屋高度不宜超过九米，并且不宜提高建筑密度，而应增加绿地，作为市中心公共绿地的发展用地。在此区内建筑密度宜小于30%，建筑物退红线宜大于2米。

整个皇城之内都是影响范围。所以前三海与景山、故宫、中山公园之间均应作为一般保护区，并且应该把故宫、景山、中山公园、文化宫作为一个整体加以保护，成为一个绝对保护区，在此区之内，应保持原貌，不再新建并增加绿化。在前三海的影响范围之内，房屋高度不宜超过15米，建筑密度宜小于40%，建筑物宜退红线2米。

(三) 后三海——文物游憩公园

后三海性质上比较综合。历史上它就是一个民间游憩和商业活动中心，又有很多名胜古迹，因此建议规划成为一个具有丰富文物和传统特色的文物游憩公园。并与前海北河沿及鼓楼大街的商业步行街结合在一起，形成北城的游乐购物中心。与西单、王府井、前门并列为旧城区内市级商业中心。并且由于它与大片水面和绿地融合在一起，又区别于其它商业中心而独具特色。

前海西侧原为青少年业余体校，可新建青少年宫。南岸则规划为成人与儿童活动的小游园。后海水面开阔，两岸有不少王府园林及寺庙，配以大片树林绿地，点缀少量低层舒展的园林建筑可形成以自然风景为主的幽深宁静气氛，与前海的热闹繁华形成对比，建成一个富有传统特色的文物游憩公园。积水潭可把东城区和西城区的游泳场合并在一起，并结合划船钓鱼等活动，建成一个水上活动公园。

后三海的保护区可以水面和绿地为基础，把宋庆龄故居、醇王府、广化寺、恭王府及萃锦园、火神庙及钟鼓楼等串连在一起，成为一个文物游憩公园。其绝对保护区占地1365亩，其中水面519亩。其中包括德胜门周围的绝对保护区16.5亩。在德胜门与后三海绿地之间划出一块一般保护区，以便通过此区的绿化使北护城河与后三海的绿化联系起来。另有三块一般保护区，一是宋庆龄故居与醇王府周围，如醇王府祠堂，以及醇王府、龙华寺和广化寺之间的地区。另一块是钟鼓楼四周和地安门外大街两侧地区；第三块是恭王府与什刹海之间，即金丝套地区。一般保护区总面积1215亩（图163）。

影响范围占地1425亩，从地安门西大街沿龙头井，李广桥西街，羊房胡同，鸦养房，直到新街口北大街。再通过北二环路，鼓楼西大街和钟鼓楼相连。钟鼓楼往北沿中轴线要划出一个保护范围，以满足中轴线延伸在景观上的需要。此外，从地安桥附近看钟鼓楼是后三海的主要景观之一，因此也需考虑钟鼓楼后面的影响范围（图164）。

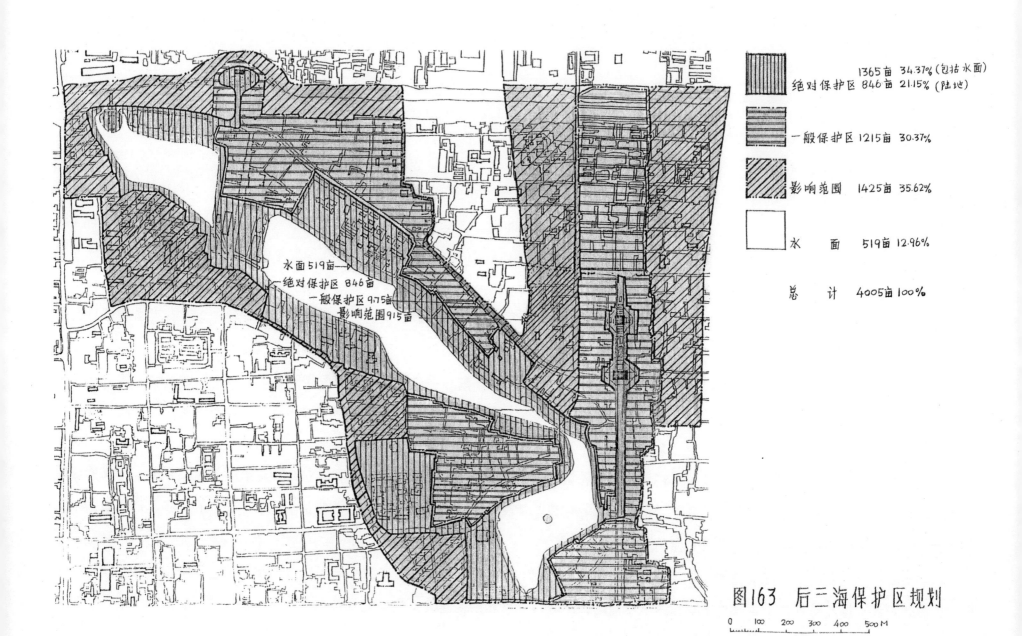

图163 后三海保护区规划

绝对保护区 846亩 21.15% (陆地)
1365亩 34.37% (包括水面)

一般保护区 1215亩 30.37%

影响范围 1425亩 35.62%

水　面　519亩 12.96%

总　计　4005亩 100%

水面 519亩
绝对保护区 846亩
一般保护区 975亩
影响范围 915亩

0　100　200　300　400　500 M

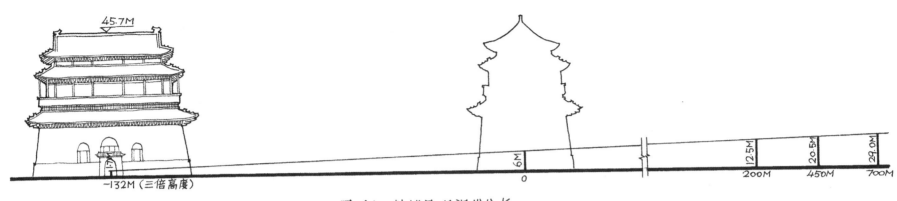

图164 鼓楼景观视线分析

　　因为后三海文物风景区内北京市级文物保护单位居多，所以除去恭王府和宋庆龄故居按全国重点文物加以保护外，整个后三海文物风景区宜定为北京市级文物风景保护区。在限制方面可比前三海降一级要求。即后三海的绝对保护区，要确保其用地不被侵占，房屋高度不超过10米，建筑密度宜小于30%，建筑物退红线宜大于2米；一般保护区内房屋高度不宜大于15米，建筑密度宜小于40%，建筑物退红线2米；影响范围内，房屋高度不宜大于20米，建筑密度宜小于50%（图163、图165）。

二、六海规划原则与措施

(一) 全面保护

　　北京六海文物古迹、园林风景的全面保护，其含义是：

　　(1) 北京六海和整个北京旧城，包括皇城和紫禁城，是一个有机整体，是旧城格局最重要的组成部分。北京城就是一个大文物，皇城和六海又是大文物中的重点保护区。因此需要全面地加以保护。要充分地考虑六海风景线和北京城中轴线的密切关系。

　　(2) 六海是一个综合体。既是文物古建，又是园林绿地；有历史文物，也有革命文物；有古建，还有碑刻、叠石、古树名木、园林水系。既要作为重点文物单位，又要作为园林风景区加以全面保护。

　　(3) 要成区成片地加以保护，而不是一个个单位孤立地加以保护。如，把文化古迹中心与政治中心作为一个整体加以保护。把前三海

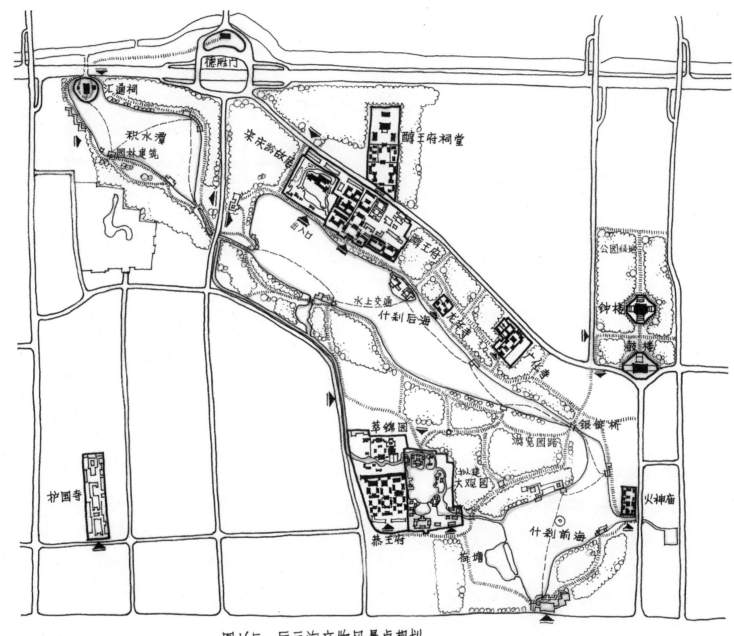

图165　后三海文物风景点规划

与故宫、景山作为一个整体加以保护。把后三海与德胜门、钟鼓楼及湖滨的文物古迹组织在一起，作为一个整体加以保护等等。

(4)全面保护要分清轻重缓急，有所区别。可按保护单位、文物性质级别、环境与景观条件，分别地具体地划出三级保护区。同时要保护与改造相结合，以保护为主。分清精华与不适于现代化发展的部分加以改造，并赋予它新的内容和生命。

全面保护的观点也是近年来国内外在旧城和文物保护上的发展趋向。例如：

(1)国际上不少先进国家重视文化古迹和旧城的环境保护：

日本很重视文化古迹和古城保护，把它提到对国民特别是青少年进行爱国主义教育和发展民族文化的高度来认识。古都奈良年游人一千一百万，其中八百万人是中小学生；京都每年游人三千六百万，而国外游客只有30万。日本还制订了不少保护法令。如：1897年制订古代神社与佛寺保护法；1929年制定国宝保护法；1937年制订风致地区保护法；1950年制定建筑古迹保护法；1966年制定关于古都历史风土保存的特别措置法；1972年制定的环境保护法等。为落实这些法令，都有详细的条例细则和严格细致的保护规划和实施方案。

法国也很重视文物古迹和旧城环境的保护。如1977年3月关于巴黎市区的整顿和建设方针中，对18世纪、19世纪形成的巴黎旧区分为两级保护，规定对18世纪的建成区要完全复原，对19世纪形成的旧区则要保持它统一和谐的面貌。

英国1930年制定了古建筑法。1962年又颁布了市容法，对古建筑保护作出了规定。

苏联也重视保护旧城传统格局和文化古迹。在改建莫斯科、列宁格勒、基辅、诺夫哥罗德等大小旧城时，对原有城市格局、特征和古老建筑都采取了很谨慎的保护方针。

列宁说："马克思主义绝对不抛弃资本主义时代中最有价值的成就，而相反的是掌握了和改造了所有在二千余年人类思想和文化发展中最珍贵的东西。""无产阶级文化不是从天上掉下来的。只有确切地了解人类全部发展过程所创造的文化，只有对这种文化加以改造，才能建设无产阶级文化。"我们应当这样去做。

(2)国际建筑师协会等组织对古迹、古城保护也越来越重视，考虑越来越全面。1933年雅典宪章提到："有历史价值的建筑和地区均应妥为保护，不可加以破坏。"二次大战后欧州一些国家的首都、古城进行了大规模的改建、重建。新旧矛盾日益突出，摩天楼林立、交通紧张、环境污染，引起人们对原有旧城生活、文化与环境的眷恋。因此对古城·古迹和旧市区的认识和评价又有了变化。一九七五年在罗马召开旧城保护会议，有三大洲十四个国家参加。着重从政治和社会方面探讨保护的目的、方针和前途。最后出了一本书叫作《欧美城市保护》(Urban Conservation in Europe and America)。书中提到联合国在1975年举办"欧洲传统建筑年"。另外，1977年在秘鲁召开的国际建协会议上，通过决议《马丘比丘宪章》，其中一节为"文物与历史遗产的保存与保护"。其中写道："城市的个性与特性取决于城市的体型结构和社会特征。因此不仅要保存和维护好城市的历史遗址和古迹，而且还要继承一般的文化传统。一切有价值的说明社会和民族特征的文物必须保护起来。""保护、恢复和重新使用现有历史遗址和古建筑必须同城市建设过程结合起来，以保证这些文物具有经济意义，并继续具有生命力。""在考虑再生和更新历史地区的过程中，应把设计质量优秀的当代建筑包括在内。"对保护的范围和内容比以前扩大了。

(3) 旧城保护上的发展趋向、一是从个别古建筑的保护到整个地区以致整个旧城格局的保护，范围逐渐扩大。如西德的纽伦堡和雷艮斯堡；意大利的佛罗稜萨和西也纳；捷克的布拉格；伊朗的伊斯发罕；苏联的撒马尔罕等，都大面积地保留了中世纪的市中心，包括街道、作坊、住宅、店铺、教堂、寺庙、广场等。这些保留区，一般只许步行，严禁汽车驶入。并采用考古式的修复措施。意大利的威尼斯和美国的威廉斯堡则是把整个城市当作文物保护起来。

二是从有代表性的古建筑发展到一切说明社会和民族特性的文物、亦即普通的民居、街道、乃至过去的生活习俗都要求有某种程度的再现。

三是从消极保护到积极保护，也就是使这些文物古建具有经济意义并继续具有生命力。形成这种趋势的一个很重要原因是旅游事业蓬勃发展，据1979年统计全世界旅游人数达到二亿七千万人次，旅游总收入达到七百五十多亿美元。

国内文物古建保护的问题也越来越受到党和政府的重视。1961年3月国务院公布《文物保护管理暂行条例》，其中第五条规定："对于已经公布的文物保护单位，应分别由省、市、县划出必要的保护范围。全国重点文物保护单位的保护范围的确定，报文化部审核决定。"第六条规定："各级人委，在制定生产和城市规划时，应将所辖地区内的各级文物保护单位，纳入规划加以保护。"

1963年4月文化部颁发《文物保护单位管理暂行办法》，其中第四条规定："文物保护单位保护范围的划定，应根据文物保护单位的具体情况而定。在文物保护单位周围一定距离的范围内划为安全保护区。有些文物保护单位，需要保护周围环境原状，或为欣赏参观保留条件，在安全保护区外的一定范围内，其它建设工程的规划、设计应注意与保护单位的环境气氛相协调。"

1979年六月，国家城建总局《关于加强城市园林绿化工作的意见》中规定："要分级确定自然风景区。国家自然风景区，由所在省、市、自治区划定，国务院批准。""自然风景区要保持完整的自然面貌。对风景区内的地形、地貌、水体、山石、动植物等必须严加保护，特别是著名风景点、文物古迹、古树名木，以及有保存价值的古建筑更要精心维护，不得随意拆迁、侵占、破坏。要防止火灾，树木病虫害等人为和自然灾害。保护区内，禁止毁林、狩猎、垦殖、开荒、放牧、开山凿石等。""风景区建设要统一规划、统一管理。在风景区范围内不准建设有害环境的工厂和单位。在风景点和公共游览区内，不准建设旅游大楼。风景区的建筑，应与周围景物互相谐调。城市郊区的风景区建设要纳入城市的总体规划，统筹安排。"

北京市最近公布的《文物保护管理办法》中规定："文物保护范围是指确保一个重点文物保护单位绝对安全和格局风貌不被破坏的区域。""古建筑维修保养，要遵守恢复原状或保存现状的原则。""核定的文物保护单位，可根据需要和可能，辟为博物馆、研究所、保管所或者参观游览场所等，不经批准，不得移作他用。""在文物保护单位的保护范围内，不得进行其它建设工程，不得拆除、改建原有古建筑及其附属建筑物。在保护范围附近修建新建筑，其形式、高度、体量、色彩等必须和文物保护单位的建筑物相谐调。"

实践中，苏州市城建局主张对重点保护的风景文物划定三层保护区：绝对保护区；一般保护区；影响范围。杭州西湖风景区也提出类似的三层保护区。

西安在总体规划中也考虑了唐长安和明清西安府的古城保护规划，注意保持古城的传统格局，对文物古迹分级分类划出三个保护范围，即绝对保护区；文物环境影响区；环境协调区。

由上可见，作出全面的保护规划，制定保护的法律条令，确保古建文物与园林风景区的环境质量是十分重要的。

(二) 形成系统

绿地要形成系统；河湖要形成系统；文物古建也要形成系统，以构成完整的城市空间布局。

(1) 绿地要形成系统：古城中心区要形成三横二竖的文物绿地网。从天安门广场到钟鼓楼这条纵向中轴线是以建筑为主的空间序列，并有景山、中山公园等绿地和筒子河水面。从前三海到后三海则是以水面为主的公园绿地，是一条纵向的具有自然风光的风景线。这是中心区两块宝贵的文物古迹兼园林绿地，也是两条纵向的绿化轴线。另外横向也有三条古迹绿化轴线，由南往北顺序是：北海、景山为一线（包括西面的白塔寺、历代帝王庙、广济寺和东边的北大红楼）；后海与钟鼓楼为一线；积水潭、德胜门、北护城河、直到国子监、孔庙、雍和宫为一线；这三条横轴上都有一系列文物古迹，应加以全面规划，与两条纵轴相互交织，使两串明珠连在一起，珠联璧合，形成两竖三横的文物古迹、公园绿地网，以便大大发挥它的绿地公园、文物、古建的多种功能，在城市布局中形成一个有机整体。

⑵ 河湖水系要形成系统

从功能上看：目前京密引水渠汇玉泉山水注昆明湖并沿长河到紫竹院，经动物园，入积水潭，过六海，穿中山公园直到天安门前金水河，并与筒子河连通，这是旧城区一支重要水系。另外一支是由京密引水渠和永定河引水渠汇于玉渊潭西，经西护城河、南护城河，串连陶然亭湖和龙潭湖沿东护城河汇于建国门外通惠河。过去这两支水系是通过南北沟沿和前三门护城河连成系统，现都已改成盖板河。而积水潭汇通祠小岛和环岛水口因修建地铁而被破坏，使北京旧城河湖水系成了无源之水，形不成系统，与过去相比大为逊色。纵观世界著名古都均有较大的河湖水面。北京长远规划也应通过南水北调和京津运河的修建，使首都成为兼有内河与沿海航运的水运枢纽，并从根本上解决京津缺水问题。此外，还应利用京密引水渠、长河、护城河上溯到颐和园昆明湖，开辟水上游览线，供旅游观光。这些都是继承和发展古都河湖水系的重要措施。

现在北京的内外城墙已经拆除，东西护城河也已盖板，但还保留了南北两段护城河，应沿河及东、西二环路形成环形绿地。这样既可作为原城墙遗址的标志，又可把河湖和绿地结合起来，用河湖、绿地代替原来的城墙，以恢复旧城凸字形平面布局，作为补牢之计。与此同时，沿元大都北城墙遗址也应进行大面积的绿化和保护，作为元大都遗址的一个标志。

从环境保护上看：北京是一个山多、水少、树缺的城市。多年搞工业，搞建设，忽视了环境与绿化。就全国而言，开山造田、毁林开荒、围湖造田，已经使我们吃尽了苦头。1981年四川、甘肃的洪水成灾就是惨痛的教训。

北京是一个多暴雨的地区，属于暖温带大陆性气候，其特点是："冬寒晴燥，夏热多雨，春旱多风。"冬夏两季气温变化较大。冬季受内蒙高原寒流影响，寒冷干燥，气温常在0°C以下；夏季南方海洋暖湿气流北上，炎热多雨。但北京年降水量有两个特点：一是多年平均降水量分布不均，房山、门头沟、昌平、怀柔、平谷山区迎风坡地带，多年平均降水量大于700毫米；平原地区为600至650毫米；山地背风区为550至600毫米；二是年降水量，年际、年内变化大、百年平均640毫米；而1959年1406毫米；1891年仅169毫米，相差8.3倍。降水量年内分布也不均匀，全年80%～90%的降水量集中在6、7、8、9四个月，因此形成干旱缺水或暴雨成灾。近几年，京津及华北地区连续干旱，京津两市的用水特别紧张，到1981年7月底，密云、官厅二水库的来水量只有9.95亿立方米，为历史上少有的枯水年。而同一时期向京津供水达18亿多立方米。因此国务院召开紧急会议，采取了四条断然措施：(1)、大力节约用水，压缩工业用水，以确保人民生活用水。(2)、密云、官厅二水库在蓄水状况好转以前，只供北京，不供天津。(3)、请豫、鲁、冀三省支援，临时引黄河之水接济天津。(4)、加快从滦河、潘家口水库引水到天津的工程。

以上情况说明京津地区水源问题的严重，同时也说明了绿化和水源在城市中的重要作用。森林、植被是绿色的水库，它可以调节气候，涵养水源，增加雨量，防止风砂，排除洪涝，抗震避灾，净化空气，消除污染，维持生态平衡等多种功能作用。城市的河湖绿地系统也是城市的生命线。这里首先是北京广大山地、郊区的大面积绿化；而中心区扩大绿地，并连成系统，对改善小气候、净化环境，也是必不可少的。

从景观上看：在河湖、绿地形成系统的同时，文物古建也要形成系统。这对城市的空间构图有很大意义。我们的祖先创造了北京古城这一空间构图的杰作，我们应该继承并发展它，把曲折的六海风景线，向西北延伸，从空间景观上与动物园、紫竹院、圆明园、颐和园、香山等风景区连成一片，直抵西山脚下、玉泉源头。这样众多的文物古迹镶嵌在河湖、绿地之内，相互配合，就可以组成一个内容丰富、风景优美的游览风景区。

(三) 重点开发

主要是中南海的开放、北海的疏散和后三海的开发。

(1)中南海的开放：现在南海已定期、限额向群众开放，人民可以瞻仰毛主席故居并游览静谷和瀛台。今后主要是开放中海的问题。中海亦可先开放东岸，再开放湖区，最后开放西岸的一部分，如时应宫、紫光阁和游泳池。其余部分只要留出游览路即可。与此同时，可在府右街西侧开辟新的中央行政办公用地。在中南海作为公园开放之后，应重点解决与北海的水上、陆上联系问题，以及和故宫西华门的联系问题，可考虑在西华门与西苑门之间建成一条绿化的走廊。在北海与中海建立地下通道，和金鳌玉蝀桥成立体交叉。改建后的金鳌玉蝀桥是挡土墙式的结构，中间一孔是南北相通的，可作为水上通道。其它均是假劵，在不影响桥上交通的情况下，可用先进的施工方法，恢复原来的拱劵式结构，作为南北陆上通道（图169）。

(2) 北海的疏散。包括内部和外部疏散问题。园内的仿膳应迁至园外，可考虑在北海与景山之间建新的仿膳饭庄。这样可减轻园内污染，腾出古建，并可疏散职工三百人。同时，北海内部一律不得新建知青饺子馆之类的临时建筑，并把这些商业点迁至园外。另外园内的单位如北海幼儿园、北京图书馆、文物工作队亦应迁出。水上活动方面，在开放中南海和开发后三海的情况下，可能会减少北海游船的压力。此外还应开放故宫东北角与西北角的筒子河，作为景山公园的游船区。北海的游人在每年七个节日免费时达到异常高峰，对园内文物、古建、园林、卫生都造成损害，应采取控制措施。还有西岸305医院占用的北海公园用地应予归还，以改善西岸陆地狭窄的状况，并恢复儿童乐园。近期在西岸建码头，以改善西岸的交通。

外部疏散主要就是开放中南海，开发后三海，以吸引游人。远期还应考虑扩大北海的绿地范围，把北海与景山联系起来，作为一整块绿地考虑。首先在这个区域不再增加新建筑，然后大力进行绿化，在条件成熟时可以拆除北海与景山之间的一部分低质量房屋作为北海公园的发展用地。

(3) 后三海的开发。首先以几处重点文物保护单位为基础，切实搞好本身及其周围的保护，争取形成一些绿化保护带，同时以前海小游园和后海小游园为基础逐步扩大后三海公园环湖绿地。利用北京青少年体校为基础建设青少年文体活动场地。充分利用钟鼓楼及其周围形成市民游乐和商业中心。积水潭的重点是恢复汇通祠小岛，保持原来的规划布局，并与地铁积水潭相结合，形成新的公园绿地（详见图192、193）。此外，应沟通北护城河与积水潭的绿化。后海的重点是扩大环湖绿地，恢复环湖道路，建成水上活动与文物游憩公园。

(四) 分期建设

包括近期和远期的问题。近期重点是全面保护、适当建设；远期重点是开发建设。目前尤其要加强保护，如文物绿地被破坏，就谈不上建设。因此首先要划定文物保护区及绿地范围，先进行绿化，到远期才能形成系统。调整时期财力、物力有限，可先植树栽花，开展水上活动，远期再增加用地、添置设施和园林建筑。

如中南海，近期可先开放南海，然后逐步开放中海东岸及湖区，最后开放整个中南海并与北海连在一起，成为完整的前三海。

北海近期可先开放静心斋，并迁出仿膳及园内住户，开放蚕坛及快雪堂，逐步开放园内所有外单位占地。然后修缮小西天（观音殿），并恢复西岸儿童乐园及开辟东岸陟山门外绿地。近期水上交通可修建西岸码头通琼岛，远期可考虑整个六海的水上、冰上交通，成为一个系统。

后三海：近期首先恢复环湖绿地及汇通祠小岛，建设后三海公园，划定重点文物保护区。特别应该强调"退地还林"，把已经占用的环湖绿地退出来，如积水潭西南岸的西海旅社，后海南岸的首长住宅所占的环湖绿地。还有前海南岸的派出所、游泳池及青少年体校占去的绿地，都应退地还林，大力进行植树绿化，使整个后三海成为开放式的绿地和水面空间，为广大游人服务。

三、远期规划设想

(一) 功能分区与景区划分

六海从功能上可划分为前三海、后三海两大部分。这在历史上已经形成，现在是继承与发展的问题。如前所述，前三海作为革命、历史文物公园，仍然继承皇家苑林的布局传统，但前三海又分成三个独立的组成部分，有分有合，统一中又有变化（图168）。

后三海是开敞的水面空间，沿湖布置绿地及文物古建，使之成为一个文物游憩公园，并成为市民的游乐购物中心和青少年文体活动场所，其中一些文物保护单位又可独立成为一个个完整的小园林，与后三海的水面和绿地互相穿插、渗透成为一个有机的整体，如同杭州西湖周围的风景点一样。

景区划分：前三海仍可分为南海、中海与北海三部分。

南海景区：包括瀛台、丰泽园、静谷与流水音四部分组成。瀛台、丰泽园保存完好。主要是静谷西面的一组建筑群和流水音附近的一些景点被拆迁，如东岸的云绘楼及清音阁一组是否仍应复原。因原址已建三层办公楼，位置可稍向南移，平面布局与建筑造型照原样恢复，规划拟作为棋艺及阅览室。流水音北面的千尺雪，西面的淑清院及颐古堂也宜原址复原。南海西北角的卍字廊及双环亭一组也应原址复建，并作为新的茶室。瀛台是一组完整的古建，可作为清史展览用，丰泽园内的毛主席故居是参观南海的主要内容。静谷是南海优美的园中园，其中山林幽静、叠石精妙，是古典园林中的珍品，宜重点保护，并与恢复的卍字廊、双环亭组成一区。在东岸船坞旧址，拟建一游船码头。

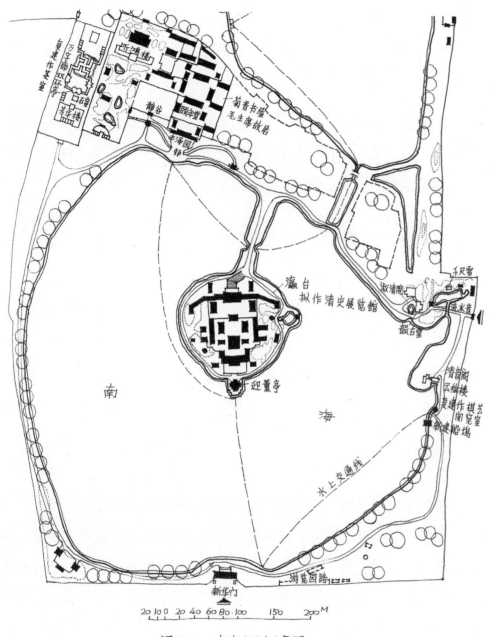

图166 南海规划示意图

南海水面宜复原外金水河旧制，即从流水音处开河，使得南海与中山公园水榭的湖面相连，并与筒子河及天安门前的金水河相通。这样既符合历史原貌，在远期绿地扩大的情况下，也是可能实现的。南海的出入口为：新华门；流水音处的东门（图166、168）。

中海景区：分东岸和西岸两部分。东岸以万善殿、千圣殿为一组，可辟为公园茶室。万善殿所在半岛，东部可新开一河，并修三个小拱桥。恢复元代犀山台小岛的意境。使得前三海中每个海都有一个岛，亦符合一池三山的格局。不仅有湖，而且有河，使得水面和岸线有了变化，改变了中海比较单调的局面。水云榭为湖心亭，是观赏三海风景的好地方。水云榭与万善殿之间可建小平桥。游船码头可设在原船坞旧址。前三海中各新建一个码头，以解决水上交通问题。西岸游泳池作为1966年以后毛主席故居开放。紫光阁及武成殿可作为老一辈革命家生平事迹展览馆。时应宫作为中国近现代革命文物展览馆。中海设三个出入口：西苑门、蕉园门和福华门。中海内容较少，仍需与南海合为一个公园，重点为水上活动（图167、168）。

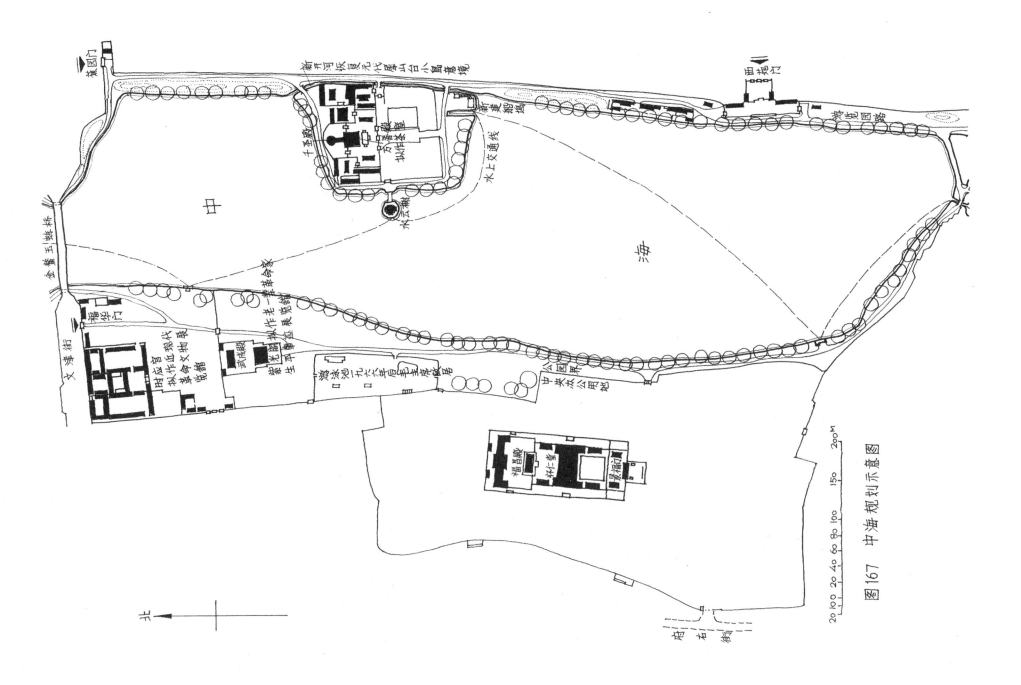

图167 中海规划示意图

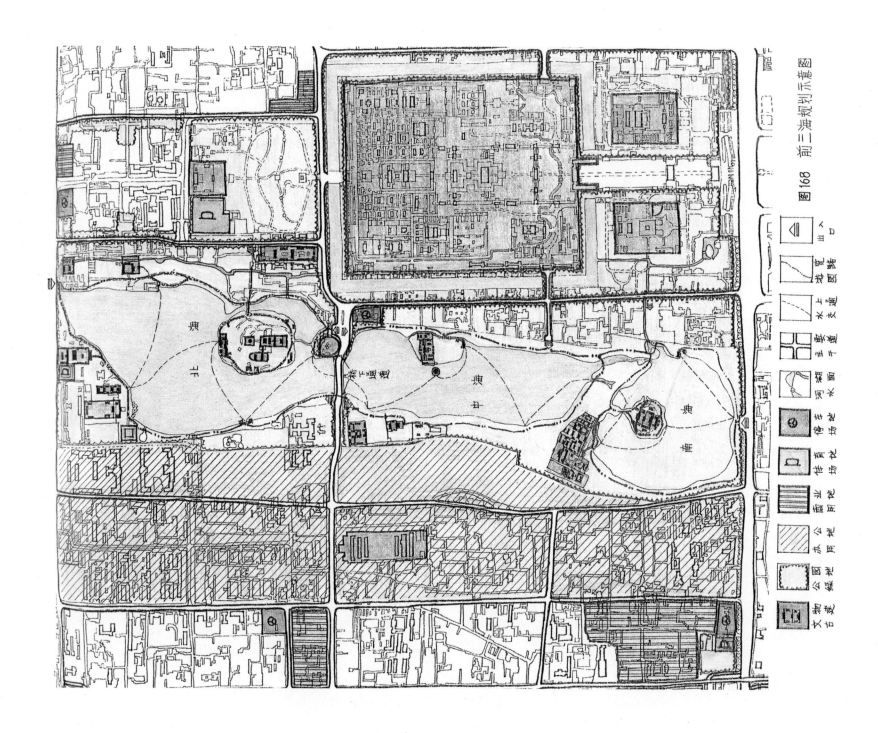

图168 前三海规划示意图

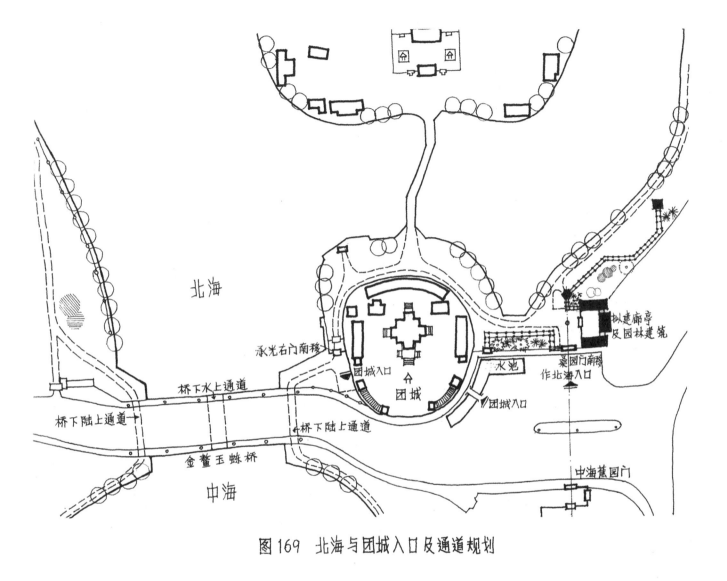

图169 北海与团城入口及通道规划

北海景区，可分为团城、琼岛和环湖风景点三部分。

团城是原一池三山布局中的重要组成部分。目前东边已无法恢复元代水中小岛的面貌。但可在承光右门增加一个出入口，以加强与琼岛在构图上的联系。承光左门即现在北海入口封闭。增加一段水池和桥，以恢复团城为水中小岛的意境。另辟桑园门为北海入口，此处是观赏塔山风景的最好地点，用地也较宽敞，拟建一些开敞式廊亭建筑，以便从园内外均可眺望北海。另外桑园门可与中海入口蕉园门相对，这样比较符合历史面貌。公园管理处的办公用房宜迁离桑园。近期可考虑放在经济植园北侧。

琼岛为北海的主景，游人最多。污染环境的仿膳可考虑迁出。白塔周围要适当修建一些平台，以便更多游人登临眺望。悦心殿、庆霄楼、撷秀亭一组建筑为地毯公司占用，也应迁出并对游人开放。

琼华岛既是北海的主景，同时也是前三海的重点和高潮。主景白塔山非常突出，从体量、高度、色彩、形象、空间、意境和细部都居首要地位。岛上树木葱郁，翠槛朱栏，掩映其间，整个岛山浮现在碧波千顷之上，景色十分迷人。

白塔山海拔74.1米，如以永安桥北桥头地面为±0.000，则山高为32.66米，白塔座落在山顶，塔身高约36米，总高68.66米（海拔110.10），在较平阔的湖区，显得非常突出，在风景构图上水平方向和垂直方向有鲜明对比，取得良好的景观效果，在宫苑中处处可以看到成为园中主要构图中心。从全园各处看它，以山南视点为好，东岸其次。从山的朝向，观景的角度，景物的安排，在永安桥南头看塔山是最好的。从团城上看，视点较高，而且建筑、绿化有遮挡。金鳌玉蛛桥上也是观赏塔山全景的好场所，所以后来增加的高大铁栏杆应予拆除，恢复原来的汉白玉栏杆。西岸观塔山位置亦好，只是前景太空旷，可结合码头增添一些亭榭小品，点缀西岸。总之，视距在250~500米，为景物高度的4~8倍时，观赏效果较好（表9）。

琼岛作为全园的构图中心，大布局简洁而开阔。就全园而论，观赏视线是内向的，白塔成为主景。而在琼岛本身，尤其站在塔山顶，其观赏视线又是外向的。在它附近还有景山、故宫、钟鼓楼等，白塔和它们之间互为因借，相得益彰。琼岛的形状呈椭圆形，总面积约为5.94公顷，南北长而东西窄，从永安桥北桥头过白塔至漪澜堂作一南北轴线，其长度约为305米，东西从陟山桥西桥头过白塔到琳光殿西码头作一轴线，其长度约为245米，塔山最高峰（白塔塔基）偏于椭圆形山体的北端，因而形成北、东、西三面较陡的山势，而南坡最缓。四面观赏景观效果均不同，故乾隆帝有御制塔山四面记（图170）。琼岛上的小布局也异常精美丰富，其后山的叠石，亭阁错迭，洞室相通，远望如海中仙山，是国内园林中少有的精品。

观赏琼岛景观的视距、视角分析   表9

观 景 点	水平视距 l（米）	景物高度 h（米）	垂直视角	h/l
永安桥南端	256	64.05	14°3′	1/4
团城北廊	280	60.60	12°13′	1/4.6
金鳌玉蛛桥中部	380	61.18	9°9′	1/6.2
公园管理处前	270	63.31	13°12′	1/4.26
陟山桥东端	138	60.07	23°31′	1/2.3
儿童游戏场	138	63.69	24°46′	1/2.16
船坞南	425	64.33	8°36′	1/6.6
蚕坛西南角	688	63.72	5°17′	1/10.8
镜清斋前	730	64.10	5°1′	1/11.4
五龙亭	550	63.88	6°38′	1/8.6
西岸（白塔正西）	344	62.94	10°22′	1/5.46

注：景物高度＝白塔塔顶标高－[观景地面标高＋观景者眼睛距地面高度（按1.5米计）]。

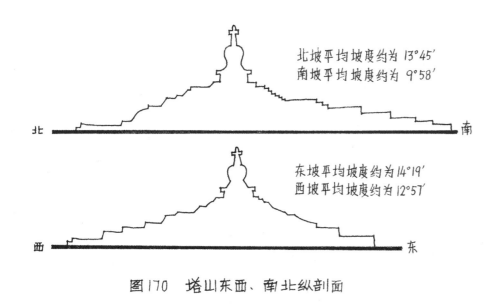

北坡平均坡度约为 13°45'
南坡平均坡度约为 9°58'

东坡平均坡度约为 14°19'
西坡平均坡度约为 12°57'

图170 塔山东西、南北纵剖面

环湖风景点：北海的环湖风景点主要在东、北两岸。北岸有三座寺庙和一处行宫，组成一个景区。观音殿和大西天为一组寺庙；阐福寺为第二组；天王殿为第三组；濠观堂与快雪堂为一组行宫。这四组建筑群都是严整的中轴线对称布局，但这四个矩形空间，隐藏于四周起伏的土丘之中，再加上临水建筑五龙亭的掩映，并不显得生硬单调，仍不失为佛宫梵境、城市山林的感觉。现在阐福寺与大西天已辟为经济植物园。快雪堂开放后可作为书画碑刻展览馆。天王殿可作为青少年科技活动站。观音殿在维修之后，可改作文化厅用，其南侧应恢复小桥与水池，以改善比较单调平直的西岸岸线。

北岸的静心斋和东岸的画舫斋及濠濮涧，都是著名的园中园。这些都是康熙、乾隆六次南巡，吸取江南造园手法，在皇家园林中的佳作。静心斋位于临街地段，东西长 110 米，南北进深仅 70 米。地势高低起伏全系人工所造。用树、石、水、屋、廊造成无穷的空间；用水光树影的动盪，飞雨流泉的潆迴，造成清幽而不沉寂的境地，给人以精巧清秀、幽静可爱的总印象，是休息静养的好地方。现在拟作为盆景艺术展览馆向游人开放（图171）。

北海东岸也有一系列古迹名园，其中濠濮涧建于乾隆23年（1758年），是皇帝与近臣饮宴下棋的地方。后来帝后妃嫔也常在此设宴作乐。颐和园未修复前，慈禧常到此消夏。这里亦是人工造成的一湾静水，环以石岩山丘，植以松柏灌木，幽径隐现林丛，迴廊连延屋宇，曲桥斜跨碧水，形成一个封闭的园中园。整个景区比静心斋简洁、清淡，建筑以濠濮间为主体，形成三面环水的水榭。南面假山与曲廊相接，曲廊又与云岫厅、崇椒室相连。通过精心安排的赏景路线，让游人的视点产生水平位移和垂直位移，构成一幅具有动态的山水松石长卷（图173、174）。

从濠濮涧曲桥北行约百米到达画舫斋，初建于乾隆年间，光绪帝曾在此读书。画舫斋入口大门三间，左侧有二小丘，植竹林、红瑞木等观茎植物。二门为春雨林塘，后轩名空水澄鲜，与正厅画舫斋，东厢房"镜香"，西厢房观妙"，共同组成一方形水院，并以迴廊相连。水院东面为古柯庭小院，有千年古槐构成主景。此书房小院，处理手法巧妙，空间利用很好，给人以紧凑、亲切、幽静、多趣的感觉。画舫斋西侧的小院叫小玲珑，院中有池、池上架桥，桥上有曲廊，又是一番情趣，与古柯庭山林小院形成对比（图172、175）。

后三海：包括什刹前海、什刹后海、积水潭三部分。继承历史传统，与封闭的皇家园林不同，形成一个群众性开放式的公园绿地。目前后三海水面占总面积的74%，湖岸线长约十里，除去道路外，绿地面积较少，因此要在周围增加绿地，规划成为一个以绿地水面为主兼有多种功能的文物游憩公园。其主要景区分述如下：

前海景区：东岸由于紧邻鼓楼商业街，规

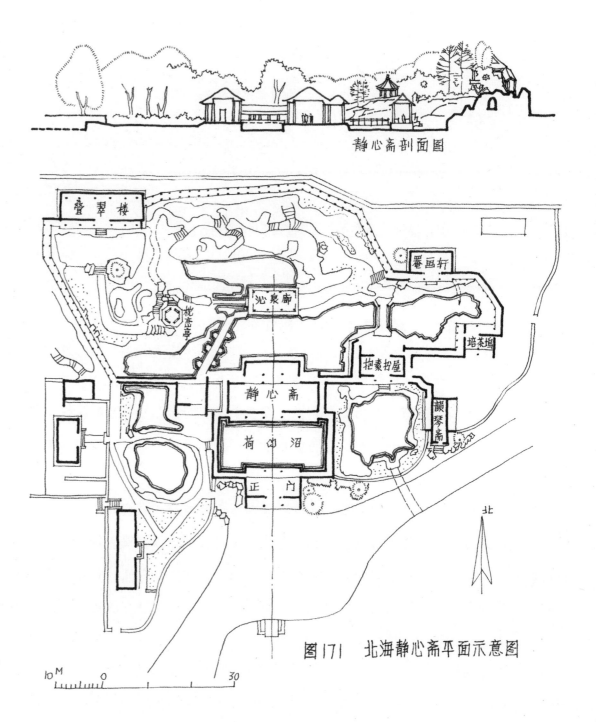

静心斋剖面图

图171 北海静心斋平面示意图

图174 濠濮涧

图175 画舫斋

划布置临水的商业建筑群。水街是我国南方水网地区常见的布局形式，如古城绍兴就有一河二街、一河一街和有河无街等几种形式（图176、177）。古代文献如宋代张择端的《清明上河图》中也可见到。前海湖滨在清代和民国初期颇多茶楼酒肆、戏园书馆等娱乐场所，如庆云楼、望苏楼和会贤堂都负盛名，文献中亦有记载（图184）。目前除前海北岸的风味餐厅"烤肉季"一家外，均己无存。会贤堂建筑尚在，已做他用，规划中拟加上恢复和发

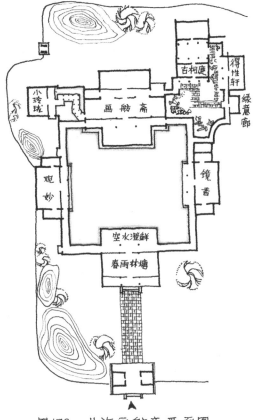

图172 北海画舫斋平面图

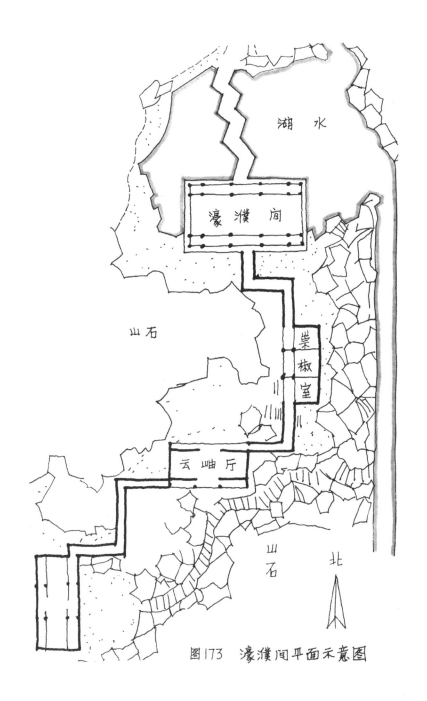

图173 濠濮间平面示意图

图176　绍兴河街八字桥

图177　绍兴一河二街

在沿前海东北部湖岸，特别在银锭桥一带，可建造以饮食与游乐为主的商业旅游建筑，与鼓楼商业街连成一片较大的步行区。布局上使绿化与建筑疏密相间，行人在鼓楼大街上可见到三海景色（图186、187、188）。前海西岸原有少量体育设施，拟利用改建为儿童活动场。前海南岸设游艇码头，并在现有小游园的基础上增加绿化广场，作为前海的主要出入口，与北海北门相对。整个前海四周应以低层建筑为主，间以小块绿地空隙与外围街道相贯通。多数建筑以步行道与湖岸相隔，间亦有紧邻湖岸或伸入水中的建筑，造成富有变化的，以建筑环抱为主的水景空间。临时农付市场应移至烟袋斜街和大石碑胡同内，不应占用环湖绿地。前海小岛上可饲养一些鸟类及少量水禽。前海东岸过地安桥把水引到鼓楼商业街中，使得商业与湖面相互穿插渗透。西岸亦应恢复原来荷塘与荷花市场土堤的面貌。并从积水潭和后海引水，经过后海小游园，园中可开凿一小池，沿河作商业水街，小河南流入恭王府、萃锦园中，把东面罗王府加以扩大，远期新建大观园一座，作为后三海重点建设的一座新的古典园林（图185、189、190）。

后海景区：以大片树林及绿地、水面为主景，其中有少量不超过二层的建筑物，掩映于绿树之中，形成一种以自然风景为主的幽深宁静气氛，与前海热闹繁华的商业气氛形成对比。保留后海小游园中的园内主路及花架和方亭（图178、179）。筑自然式花台，植牡丹、芍药、杜鹃等，在岸边建一组水榭，伸入水中，作为花展及接待外宾用，近期可用曲桥沟通环湖园路。北岸半岛，挖河引水改为全岛，把原来航海学校迁走，仿杭州西湖"平湖秋月"的意境，开辟一个茶点冷饮小卖部，成为游人休息观赏的又一组水榭式建筑。西岸桥头有稍突出于水面的小半岛，拟建成游船码头。

图178　后海小游园花架

图179　后海小游园方亭

岛上建楼亭一座，既可眺望三海景色，又可听到德胜桥旁的潺潺水声。亭西现有二层楼一座位于公园与德内大街之间，拟建为鲜鱼食堂。后海两岸的醇王府、恭王府及花园、广化寺、龙华寺等古建园林是这一景区的重要文物，应纳入规划，成为后海的重要活动内容（图189、190）。

积水潭景区：修地铁时被毁的北岸汇通祠小岛，应重点加以恢复，作为积水潭的主景。要在东西两面开明渠，在北护城河到六海的引水方管西侧恢复水兽及出水口，使湖水环绕小岛，六海湖水有源有流，整个小岛成为后三海的制高点，同时也是与地铁及二环路的交叉点，岛上宜多植树木，堆叠山石。东面把地铁通风口加建周围廊，作为展览用的廊亭。西面建六角休息亭，并恢复汇通祠古建筑，作为休息观赏之用（图192、193）。北岸扩充原有钓鱼、游泳设施，建室内游泳馆一座。沿湖有几个小型工厂，将其中对环境有影响的拆迁，如有机玻璃制品厂。将少数有特点对环境无害的保留，如北京雕塑工厂，并留有发展余地。工厂拆迁后，作为新的绿地。南岸拟建体育馆一座，使积水潭成为水上体育公园。

后三海的建筑布局要自由活泼，造型要疏朗轻巧，与前三海的皇家园林建筑形成对比。并可借鉴江南的园林建筑，如杭州、绍兴、南京等地公园内的亭榭建筑（图180～183），以绿化、水面为主，以建筑为点缀，形成一种朴实秀美的水乡特色（图190）。

图180　杭州三潭印月

图181　杭州柳浪闻莺

图182　绍兴兰亭

图183　南京玄武湖水榭

图184　清代鼓楼与什刹海想象图

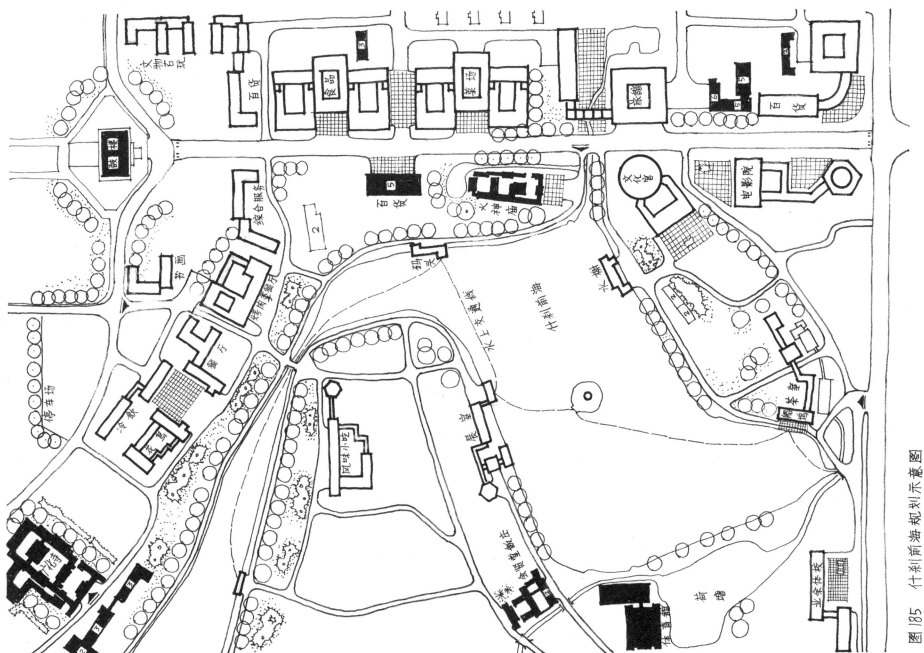

图185 什刹前海规划示意图

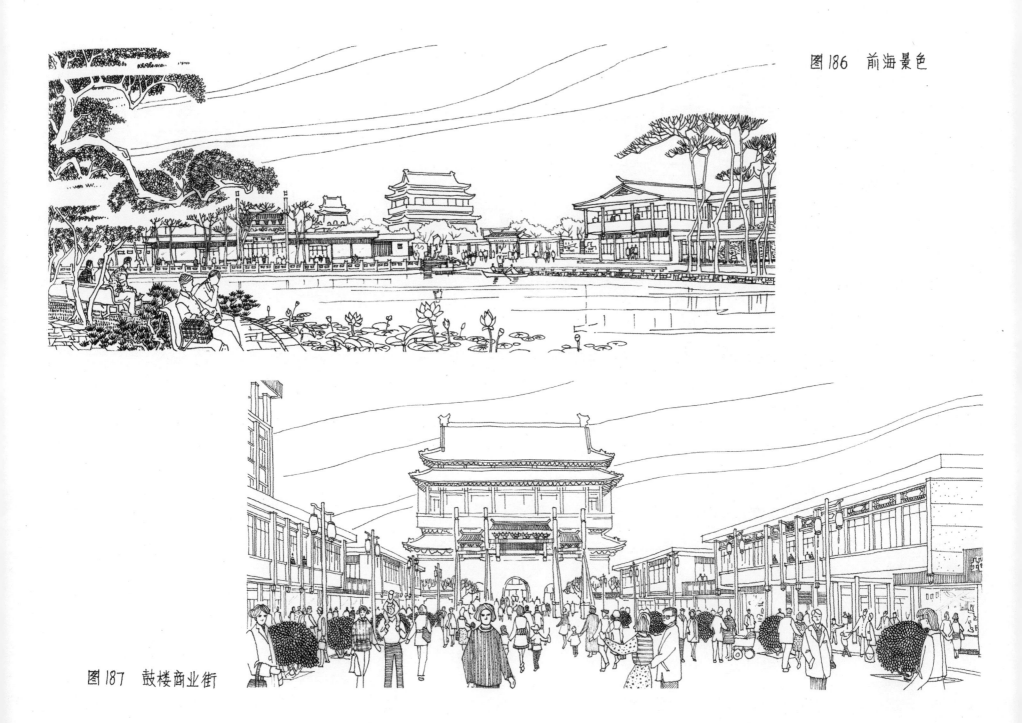

图186 前海景色

图187 鼓楼商业街

图188 银锭桥头（注图184、186、187、188选自本系建筑设计研究生所作什刹海规划）

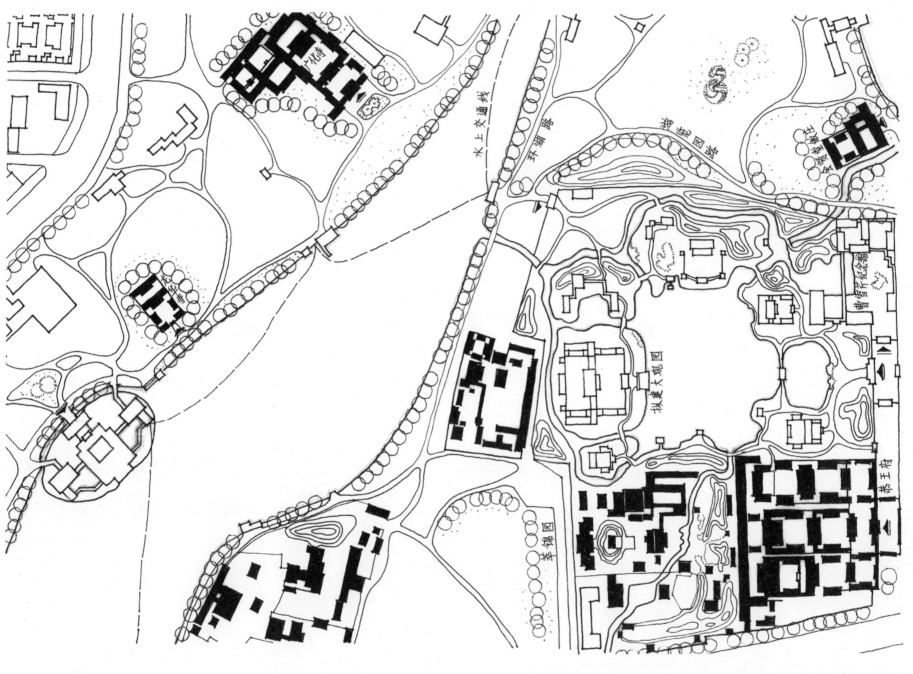

图189　后海局部规划示意图

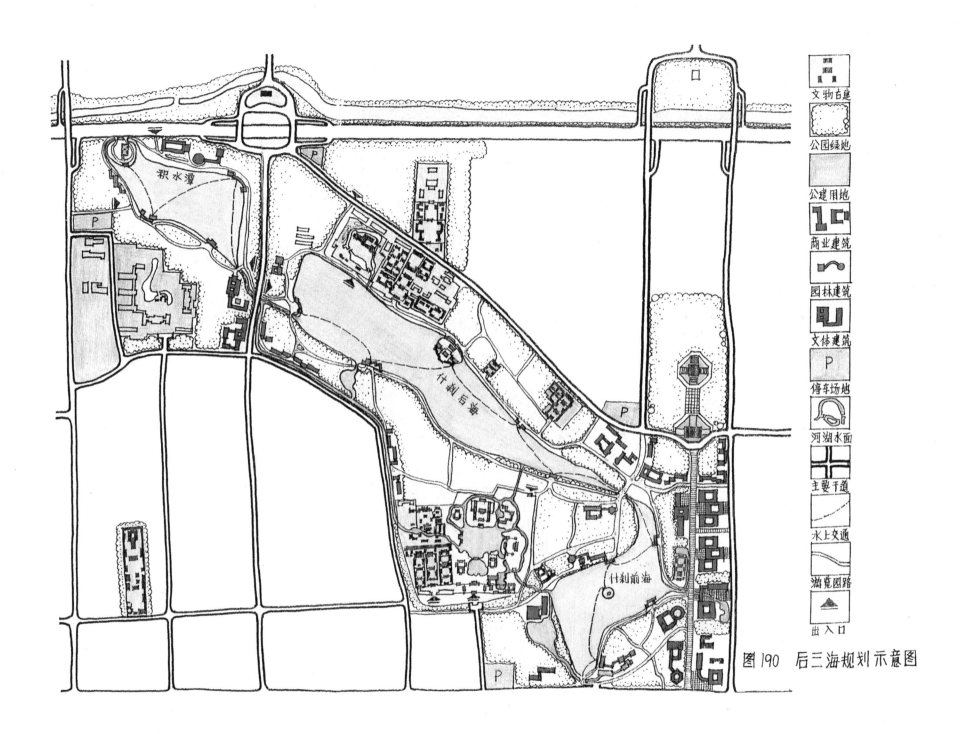

图例

文物古建
公园绿地
公建用地
商业建筑
园林建筑
文体建筑
P　停车场地
河湖水面
主要干道
水上交通
游览园路
出入口

积水潭

什刹后海

什刹前海

图190　后三海规划示意图

(二) 道路交通系统及水上活动规划

(1) 出入口: 积水潭三个: 德胜桥、积水潭医院、汇通祠。后海三个: 德胜桥、甘水桥、银锭桥。前海三个: 银锭桥、地安桥、西压桥。北海四个: 西压桥、陟山桥、桑园门、金鳌玉蝀桥西。中海三个: 西苑门、蕉园门、福华门。南海二个: 南长街、新华门。

(2) 道路系统: 外部根据城　道路系统规划外, 可考虑组织一条公共汽车游览专线。从前门经人民大会堂到中山公园, 经南长街停西苑门。北海, 经景山西街停陟山门, 经景山后街停地安门, 西折停西压桥; 走后海南沿停恭王府、德胜桥, 到德胜门, 东折经鼓楼西大街停甘水桥、钟鼓楼; 后经景山东街、北池子、南池子, 回到天安门广场, 停革命历史博物馆, 最终回到前门, 形成一个闭合的环路。

内部游园干路: 修通环湖路, 前三海重点在金鳌玉蝀桥, 规划上应使北海与中南海相通。后三海也要形成环湖游览干路。所有园内干路均应禁止车辆通行, 规划步行道。并与恭王府、广化寺等文物点及钟鼓楼大街等商业点取得方便联系 (图190)。

水上交通: 远期设想水系应连成一个系统, 游船可分区管理。尽量恢复历史原貌, 其中中南海为一区, 并与中山公园及西南筒子河相连。北海为一区并与景山及北筒子河相连。什刹海为一区, 并引水连接恭王府萃锦园, 恢复前海西岸的荷塘及堤上的荷花市场。积水潭为一区, 并与北护城河相连, 远期考虑整个六海可通航, 并上溯长河到颐和园, 组成一条水上游览线 (图168、190)。

(三) 空间布局与园林绿地规划

1. 空间布局: ① 空间上对城市开放: 前三海的空间仍然保持昔日皇家苑林一池三山和园中园的传统特色。由于历来是禁苑, 空间上对城市是封闭的。今天时代变化了, 广大人民群众作了国家的主人, 三海不仅要向人民开放, 三海园林空间也要尽量和城市空间结合, 以增添城市景色。如巴黎塞纳河及其沿岸的古迹园林, 就是城市空间中的精华所在。列宁格勒的建筑空间也是面向涅瓦河的。华盛顿中心区, 建筑与绿化水面构成一个大花园, 为世界所瞩目。因此, 从中南海的开放, 到三海空间与城市景观的沟通, 也是建设高度文明与高度民主的社会主义祖国首都的重要标志。目前站在金鳌玉蝀桥上就已充分体会到古都的神韵, 设想随着中南海的完全开放, 如能把临长安街的一面和临府右街的一部分打开, 则会给首都中心区的面貌增添不少光彩。当然如何打开, 建筑上如何处理是要慎重研究的 (图191)。

② 恢复 "一池三山" 内部空间结构: 对前三海内部空间布局, 也可参照元大都太液池中有三山的传统手法, 在中海万善

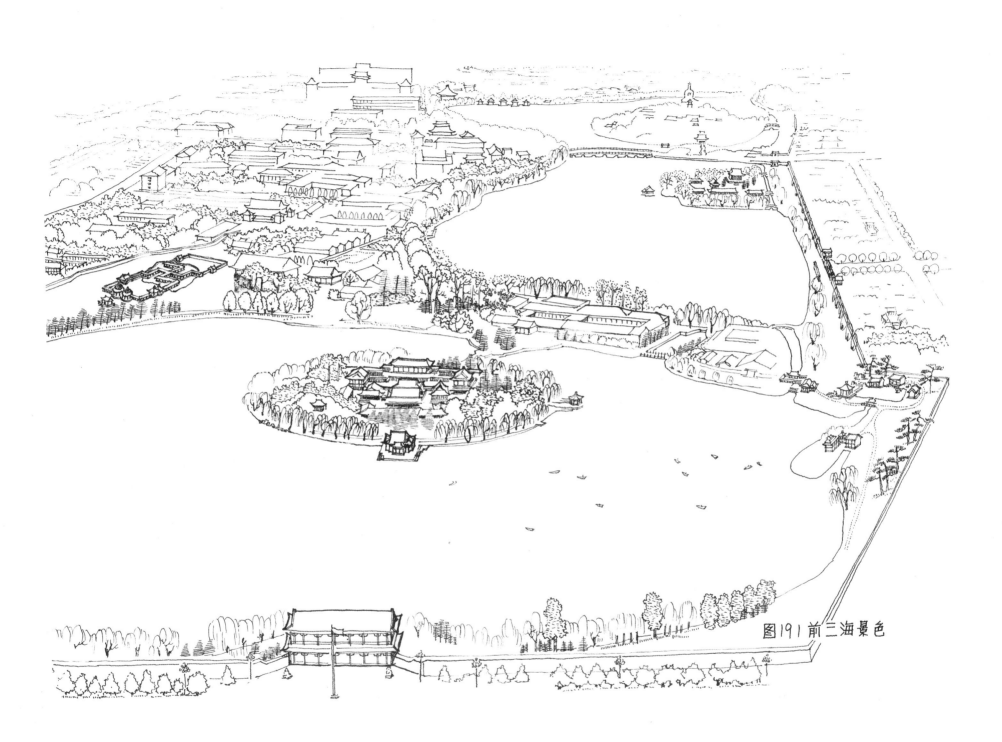

图191 前三海景色

殿东侧开河引水，团城周围的水面也可适当增加，以恢复水中三岛的布局。琼岛上的水景是仿宋汴梁艮嶽的，也可适当恢复。

　　③空间上的"俗屏嘉收"：六海还应采用"俗则屏之，嘉则收之。"的传统造园手法。对于几处有碍风景的高楼可以用土山、绿化加以遮挡。如北海的西北角可以扩建经济植物园，并沿西岸堆一些土丘和山石，加以绿化。用高大的冠木如毛白杨、间以松柏及其它花灌木，组成多层次的密林结构，加以遮挡。这样既可改善景观，又可调节小气候。同时北海也需要疏浚，采取挖池堆山，可以就近土方平衡。最近中央首长指示：部队在搞好营区绿化的同时，在营区周围10公里范围内，要和地方协同搞好绿化。北海和西岸的国防部，也可统一考虑绿化，用溪涧（挖沟）、土山、绿雕代替单调呆板的围墙。整个北海西岸可借鉴颐和园后山的一些造园手法。北海湖岸亦应加以变化和改造。对于陟山门外血防站的住宅楼以及南海东侧的中央警卫局办公楼等高大而不谐调的建筑物，应采取障景手法。

　　前三海绝对保护区内基本不准再建新建筑，非建不可的要经文物和规划部门批准。高度、体量、形式、色彩要严加控制。

　　④前、后三海空间上要突出对比：后三海的空间布局要与前三海形成对比，成为开敞、朴素而富有生活气息的民间游乐中心。可借鉴杭州西湖与扬州瘦西湖的空间处理手法。沿湖旧有古建园林如宋庆龄故居、恭王府、摄政王府、广化寺、火神庙等，本身均自成一个格局，但要组织到后三海公园绿化中去，形成一个整体。后三海湖面上已有三个小岛，前海小岛、后海半岛、汇通祠小岛，要很好加以利用和改造。以汇通祠小岛为制高点，以后海半岛为建筑重点，加以绿化点缀，丰富后三海的空间层次，增加后三海的景观。

2．园林绿地规划：主要是探讨绿地定额和树种选择问题，另外六海尤其前三海有一些古树名木，应加以妥善的保护。

(1) 绿地定额：根据全国第三次城市园林绿化会议提出的《关于加强城市园林绿化工作的意见》中为城市园林绿地制定了三个规划指标：

　　①城市公共绿地面积要求2000年远期规划，每人平均不少于10平方米；近期1985年达到4平方米以上。

　　②新建区的绿地面积不得低于用地总面积的30％；旧城改建保留绿地面积不得低于25％。

　　③城市绿化覆盖率，近期达到30％，远期达到50％。

　　又提出："城市园林绿化建设，首先是实现城市的普遍绿化，逐步实现城市园林化。"

　　《森林法》规定："有条件的城市和工矿区，按照平均每人不少于5平方米的绿化面积的要求营造园林和环境保护林。"

北京旧城区的园林绿地定额：旧城区总面积62平方公里，人口180万。远期以每人10平方米公园绿地面积计算，共计18平方公里，大约占旧城区总面积的30%，即规划公园绿地面积占城区总用地的30%。

北京六海以绝对保护区作为近期公园绿地范围共计3832亩，以一般保护区作为远期公园绿地范围，即扩大2505亩，两项共计6337亩，合422.5公顷，4.2平方公里，只占整个旧城公共绿地规划指标的23.3%，这个指标是不算高的，而六海位置优越、历史悠久，规划建设好，利用率将是很高的。

建议前三海列为国家级文物公园，仍由北京市管理。并与景山、故宫、中山公园、文化宫组成一个皇城公园体系。后三海为市级公园，并和德胜门、钟鼓楼、恭王府等形成另一个公园体系。

就全城公园布局而言，整个六海又是一个湖滨带状公园，要与北护城河的绿带连成一个系统。这样一个带状公园有很多优点：如城市可以有一定宽度的绿带来防止由于地震、战争或其它原因引起的火灾；有安全场地可以就近疏散居民和堆放物资；城区居民的工作、生活，以及日常游憩、锻炼都可以利用这样一个卫生、安全而优美的自然环境。古都建筑也有这样一个宽阔而美化了的绿带来陪衬，显得更加壮丽。总之，带状公园是满足多种功能要求的理想形式，同时它也符合公园绿地均匀分布的原则。六海带状公园的环湖绿地宽度不宜小于20至50米，否则就失去了园林绿地的意义。

(2)六海绿地的树种选择及种植比例：六海绿地的绿化覆盖率近期为30%，远期应达到50%；考虑到北京的纬度及气候条件，以及传统园林中的种植特色，要有一定比例的常绿树。常绿树和落叶树的比例为：常绿树占45%；落叶树占55%，其中经济林木占10%。

树种选择：常绿针叶乔木：可用白皮松、侧柏、油松、云杉、桧柏等。常绿阔叶乔木：如广玉兰。落叶阔叶乔木：有绦柳、垂柳、水曲柳、毛白杨、加杨、榔榆、梨、李、槐、椴等；常绿阔叶灌木及小乔木：有桂香柳、夹竹桃、锦熟黄杨、十大功劳、竹等；落叶阔叶灌木及小乔木：如牡丹、玉兰、榆叶梅、黄刺玫、龙爪槐、黄栌、红瑞木、棣棠、丝棉木、文冠果、花椒、花楸、玫瑰等。草坪可用狗牙根（扒根草）和野牛草。

(四) 后勤管理

六海规划中各自应有集中的后勤基地，包括苗圃、基建维修，生活后勤等用地。北海与景山现在即为一个管理处，近期可把公园管理处从桑园移至经济植物园内，远期可利用北海幼儿园内的楼房作为管理用房。中南海可设一个管理处，可放在南海西北角的三层楼内。

后三海成立公园管理处由北京市园林局统管，并设前海、后海与积水潭三个分管理处。前海管理处可设在银锭桥南，其它均设在后海西岸，并在积水潭北岸设立苗圃。

四、近期规划设想

近期规划期限考虑 5 至 10 年左右。主要是确定保护区范围，进行植树绿化；确定公园范围，进行开放游览。近期规划内容有：

(一) 整理开放中南海

北海、中海、南海本身是一个整体，解放前就作为公园开放过。现在南海也已经定期开放。建议全年开放，以每天 1.1 万人计，年游人量可达 400 万左右。只要适当安排中央办公用地与公园绿地的范围和界限，以保证中央首长的安全为前提，建设部分围墙，中海亦可开放。或者先行开放中海东岸，使前三海连成一气。同时中南海还可作为中央领导同志与广大人民群众接触联系的好地方。这样可大大减轻北海与中山公园的游人压力。

(二) 扩大北海游览范围

把写有游人止步的牌子尽量摘掉，如管理处占用的桑园；北海幼儿园占用的蚕坛；北京图书馆占用的濠观堂、浴兰轩和快雪堂。东岸的船坞、琼岛上的庆霄楼、仿膳等均应陆续收回，并对外开放。已经归还的静心斋也应早日向游人开放。濠濮涧的入口新华书店也应迁至别处，使其成为一组完整的园中园。北海应首先整理园容，搞好清洁卫生及植树绿化。此外，公园不能作为经常的施工场地，以免到处堆放建筑材料。西岸的文化厅应早日决断，进行处理。

(三) 绿化开发后三海

重点改建前海绿地为小巧玲珑的儿童游戏场，在主要入口建立一组雕塑。如哈尔滨沿江公园中有不少雕塑，造型生动，生活气息很浓，吸引了不少游人和青少年，也美化了城市环境。儿童活动器械要形式新颖多样，但不能体量太大，绿化设计力求自然注意遮荫效果。修整现有栏杆，形成一个安全封闭的儿童游戏场。前海游泳场应合并到积水潭，恢复前海为一般居民游憩娱乐及一部分商业饮食活动服务。前海北岸烤肉季是外宾活动较集中的地方，应扩建店前停车场。在岸边浅水区，可种植观赏荷花，恢复过去什刹海的观荷风貌。

后海是全园的活动中心，水面较大，景色深远，是城内远眺西山的最好场所。两岸除形成自然式的绿地外，可利用两侧地形修筑自然式花台以种植牡丹、芍药、杜鹃等。岸边可建一组水榭，作花展及接待外宾用，建筑宜采用中国传统形式。园内除现有的常绿树要保留外，其余树木要适当更新，建成自然式的由各种灌木花卉组成的百花园。后海半岛，挖河引水，改为全岛，建一茶室，仿西湖平湖秋月的布局，成为后海的重要景点。

积水潭在绿化设计上要给人以四周林木深远的感觉，以隔离北岸二环路的噪声，衬托出环境的幽静。主景在汇通祠小岛。北岸钓鱼区及南岸棋牌区要用栏杆围起，以利管理。地铁积水潭站的通风口要改造成传统式亭廊。山顶恢复汇通祠建筑作为科技展览用。西坡建六角休息亭一座。北坡筑花架栽爬蔓月季等花灌木以吸引游人。当前的主要任务是呼吁各方恢复汇通祠小岛（参见1958年普查文物时的汇通祠，图194、195）。为避免和地铁出入口的矛盾，位置可稍作移动，但岛两边的水面要加以恢复，可避开地铁加强层及地铁出入口，使水环绕小岛一周，成为一湾活水。并通过涵管与北护城河相通，改造涵管出水口位置，并装水兽，使之成为六海之源。平面布局要恢复原来汇通祠旧貌，并可重点进行叠石处理，可借鉴南京瞻园的成功经验。因为整个后三海缺乏山石，地形欠起伏，湖岸少变化，需要加以改善（图192、193）。

(四) 整理疏通六海水系和加强管理

六海是长河水系的一部分，要解决水质污染问题、修筑一些码头、船坞，以开展水上和冰上活动。原考虑从上海租用挖泥船，因公路运输问题，不能实现。建议仍考虑用人工和机械相结合的方式，疏浚六海。并可利用挖出的部分泥土堆筑假山。利用原有地形，使每个海中均有一个小岛，除积水潭汇通祠小岛复原外，后海半岛亦可改作小岛，前海小岛可点缀一些山石和建筑小品，这样和前三海的琼岛、瀛台等遥相呼应，使变化中又有统一。

彻底解决后三海由几个单位占用和分管的情况。成立后三海公园，统管后三海。收回西城区游泳场、东城区游泳场、航海俱乐部占用的水面和绿地。拆除一切违章建筑，清除堆物堆料，把原有绿地完全恢复。并恢复原有道路、湖岸和栏杆。充分利用现有土地因地制宜进行园林建设。

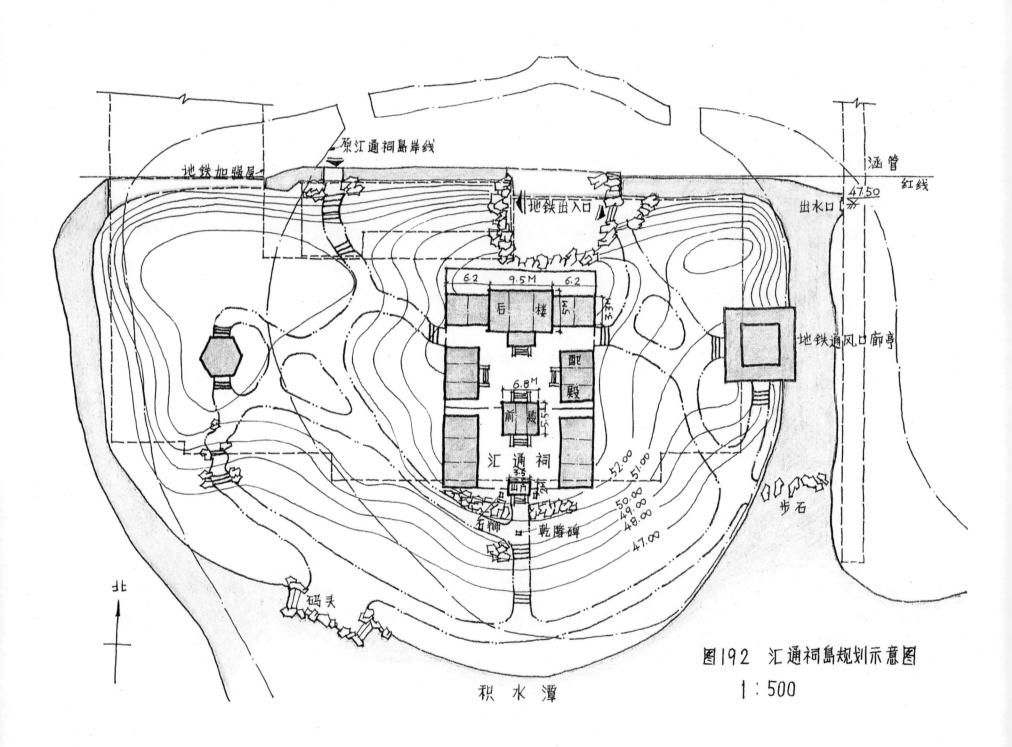

原汇通祠岛岸线

地铁加强层

涵管

红线

地铁出入口

47.50

出水口

6.2　9.5M　6.2

后楼

地铁通风口廊亭

配殿

6.8M

前殿

汇通祠

52.00
51.00

山门

50.00
49.00
48.00

步石

石狮　乾隆碑

47.00

北

码头

积水潭

图192　汇通祠岛规划示意图
1：500

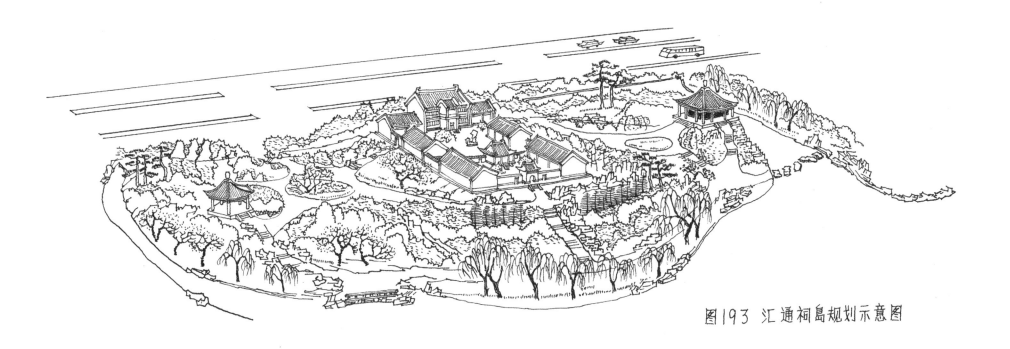

图193 汇通祠岛规划示意图

图194 汇通祠山门原貌

图195 汇通祠后楼原貌

结束语

　　本文对北京中心区的六海园林水系的历史、现状和规划进行了初步探讨，由于时间有限、功力不及，所论难免粗浅，错漏不当之处，希望老师和同志们指正。

　　然而，北京六海这一研究课题本身是很有意义的。现在国家已公布北京等24个城市为历史文化名城，对它们要严加保护。北京六海地处古城的中心区，这里众多的历史文物与革命文物、古建园林与古树名木都是国家宝贵的财富；同时它又是现代化城市中心区难得的水面、绿地与公园，对于改善城市环境面貌，具有多方面的作用。同时又是进行爱国主义教育、建设社会主义精神文明的重要园地。

　　党中央书记处对北京市的工作方针提出的四条建议，为首都和全国的城市建设指明了方向。其中指出：改造北京市的环境，搞好绿化卫生，利用有山、有水、有文物古迹的条件，把它建设成为优美、清洁、具有第一流水平的现代化城市。最近几年，党中央和国务院多次对植树造林、绿化祖国的工作发出指示，人大还决定每人每年种树3至5棵。这些都是非常鼓舞人心的英明决定。而落实这些指示，就应该从首都做起、从六海做起。六海有山、有水、有文物古迹；又是党、政、军中央首脑机关所在地；又是北京最古老、最美丽的园林风景区。在建设精神文明方面，应该成为全国的榜样。今后还应进一步研究它的历史价值、现状矛盾和远、近期规划，并作出具体地段的详细规划。同时要和北京市总体规划协调一致、通盘考虑，把六海规划建设得更好。

　　1982年春天已来到，银装素裹的六海湖面已开始融化，微风轻拂的岸边垂柳正在萌芽，美丽的六海正在迎接春天，迎接它更加美好的未来。

主要参考书目

1. 元大都与明清北京城　　　　　　侯仁之著

2. 北京都市发展过程中的水源问题　侯仁之著

3. 帝京景物略　　　　　　　　　　[明] 刘侗　于奕正著

4. 长安客话　　　　　　　　　　　[明] 蒋一葵著

5. 京城古蹟考　　　　　　　　　　[清] 励宗万著

6. 日下尊闻录　　　　　　　　　　[清] 阙名

7. 明宫史　　　　　　　　　　　　[明] 刘若愚

8. 金鳌退食笔记　　　　　　　　　[清] 高士奇

9. 北平考　　　　　　　　　　　　[明] 佚名

10. 故宫遗録　　　　　　　　　　　[明] 萧洵

11. 中南海　　　　　　　　　　　　《中南海》画册编辑委员会

12. 园冶注释　　　　　　　　　　　[明] 计成原著　陈植注释

13. 燕都丛考　　　　　　　　　　　陈宗蕃编

14. 长河、莲花河——凉水河水系1973～1974年污染调查小结　　中国科学院贵阳地球所、北京市环境保护研究所

15. 城市的发展过程　　　　　　　　[英] W·鲍尔著　　傀文彦译

16. Open Space　　　　　　　　　by August Heckscher with Phyllis Robinson

17. Urban Conservation in Europe and America　　　　Conference Proceeding Rome 1975

18. Town Design　　　　　　　　F. Gibberd

19. 中国古代建筑史　　　　　　　　刘敦桢　主编

20. 鸿雪因缘图记　　　　　　　〔清〕麟庆

21. 旧都文物略　　　　　　　　北平市政府秘书处编著

22. 洛阳伽兰记　　　　　　　　杨衒之

23. 中国建筑史图集　　　　　　南京工学院建筑系

24. 北京的传说　　　　　　　　金受申

25. 恭王府考　　　　　　　　　周汝昌

26. 谈恭王府　　　　　　　　　杨乃济

27. 北京规划刍议　　　　　　　吴良镛

28. 北京的旧城改造及有关问题　吴良镛

29. 对北京城市规划的几点设想　清华大学建筑系城市规划教研室

30. 北京城市道路网规划　　　　郑祖武

31. 北京什刹海地区的历史概况　常友石

32. 中国古代城市发展概况　　　张静娴、吴焕加

33. 谈庭园用水　　　　　　　　杨鸿勋

34. 中国民族形式园林创作方法的研究《园冶》综论　　　　朱有玠

35. 城市绿地分类及定额指标问题的探讨　　　　　　朱钧珍

36. 保护特色城市，发展城市特色

37. 建筑景观与旅游　　　　　　　　　　　　陈传康

38. 实现北京旧城的现代化、保持传统文化的连续性——什刹海地区规划　　　清华大学建筑系建筑设计教研组什刹海规划小组

39. 论北京城市规划　　　　　　　　　沈亚迪

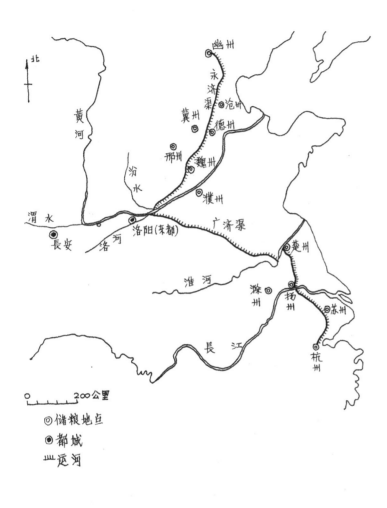

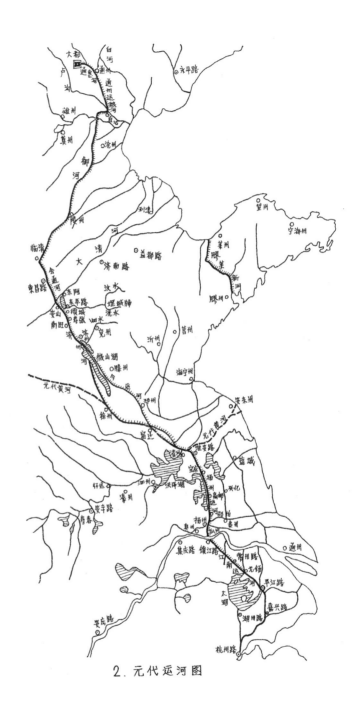

1. 隋唐大运河示意图

2. 元代运河图

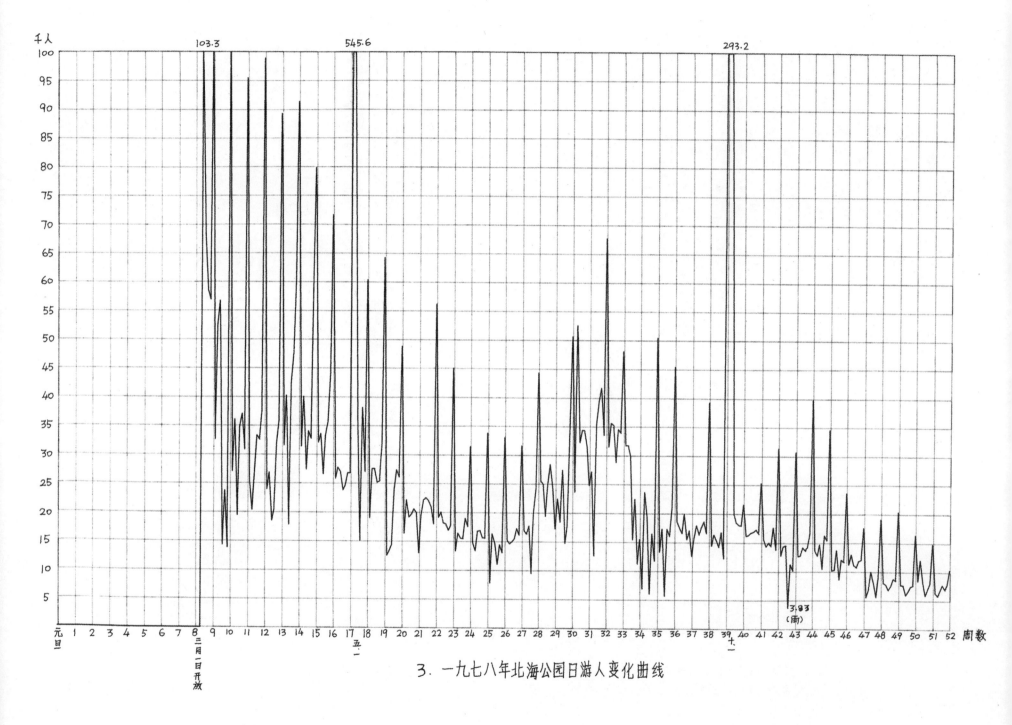

3. 一九七八年北海公园日游人变化曲线

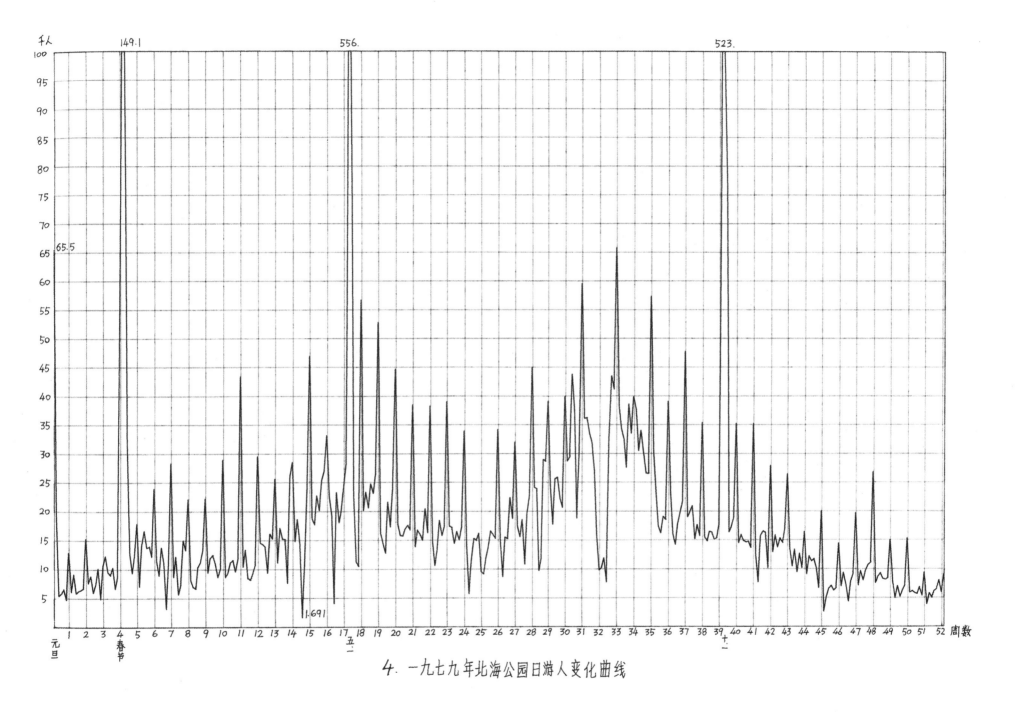

4. 一九七九年北海公园日游人变化曲线

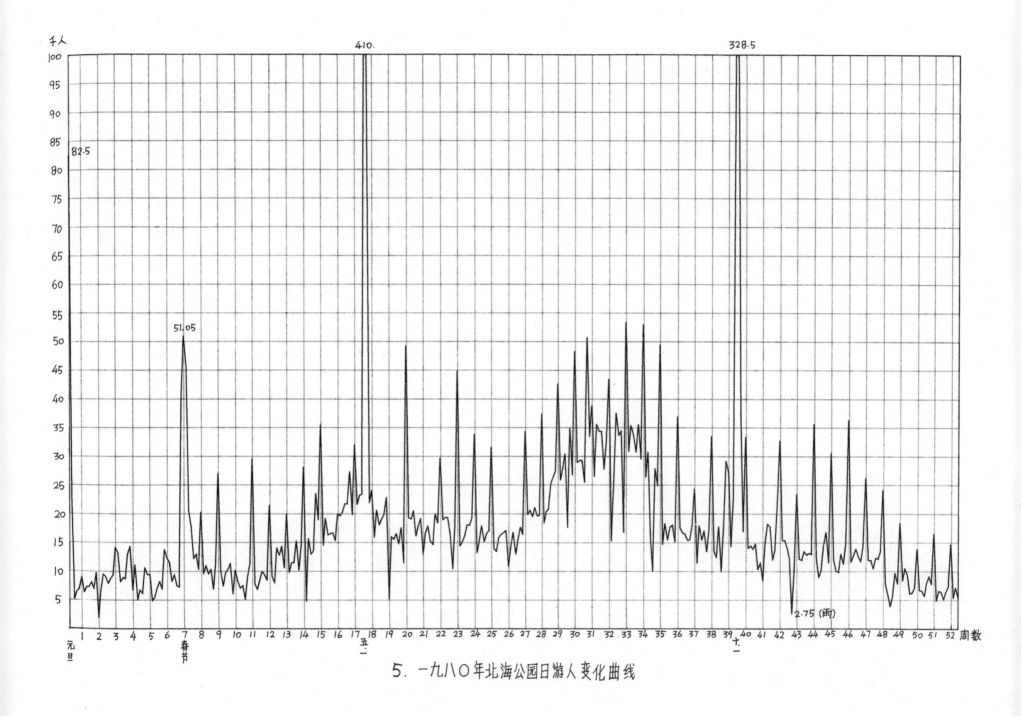

千人

82.5

410.   328.5

51.05

2.75 (雨)

1 2 3 4 5 6 7 8 9 10 11 12 13 14 15 16 17 18 19 20 21 22 23 24 25 26 27 28 29 30 31 32 33 34 35 36 37 38 39 40 41 42 43 44 45 46 47 48 49 50 51 52 周数

元旦   春节   五一   十一

5. 一九八〇年北海公园日游人变化曲线

```
1000    DATA   0, 0, 0, 0, 0, 0, 0
1010    DATA   0, 0, 0, 0, 0, 0, 0, 0
1020    DATA   0, 0, 0, 0, 0, 0, 0, 0
1030    DATA   0, 0, 0, 0, 0, 0, 0, 0
1040    DATA   0, 0, 0, 0, 0, 0, 0, 0
1050    DATA   0, 0, 0, 0, 0, 0, 0, 0
1060    DATA   0, 0, 0, 0, 0, 0, 0, 0
1070    DATA   0, 0, 0, 0, 100, 68.04, 58.54, 56.92
1080    DATA   100, 32.64, 52.58, 56.74, 14.42, 23.74, 13.92, 100
1090    DATA   27.08, 36.12, 19.49, 34.95, 37.09, 30.91, 95.53, 25.59
1100    DATA   20.46, 26.96, 33.39, 32.65, 37.5, 98.92, 24.03, 26.89
1110    DATA   18.58, 20.59, 32, 35.89, 89.38, 31.65, 40.29, 17.9
1120    DATA   42.61, 47.59, 60.22, 91.48, 31.48, 40.13, 27.52, 34.13
1130    DATA   32.82, 59.94, 79.9, 32.17, 33.68, 26.68, 33.39, 35.8
1140    DATA   44.17, 71.69, 25.92, 27.88, 27.09, 23.92, 24.75, 26.84
1150    DATA   26.91, 100, 100, 35.45, 15.18, 38.2, 27.04, 60.42
1160    DATA   19.09, 27.64, 27.66, 25.26, 25.48, 31.8, 64.3, 12.6
1170    DATA   13.5, 14.51, 24, 27.46, 26.16, 48.87, 16.48, 22.19
1180    DATA   19.22, 19.74, 20.64, 20, 13.03, 19.5, 22.25, 22.6
1190    DATA   22.07, 20.99, 18.04, 56.28, 19.18, 20.1, 18.22, 17.99
1200    DATA   16.97, 17.85, 45.1, 13.38, 16.47, 15.61, 15.5, 19.04
1210    DATA   17.62, 31.54, 14.82, 13.42, 16.88, 16.99, 15.71, 15.62
1220    DATA   33.87, 7.84, 16.42, 14.79, 11.09, 14.5, 13.11, 33.14
1230    DATA   15.27, 14.7, 15.1, 15.57, 17.36, 16.19, 31.73, 16.94
1240    DATA   16.41, 17.78, 9.54, 20.1, 24.19, 44.39, 25.49, 25.01
1250    DATA   19.52, 24.93, 28.49, 24.22, 17.33, 22.53, 18.49, 27.52
1260    DATA   14.87, 17.9, 35.63, 50.76, 23.71, 52.68, 32.35, 34.43
1270    DATA   34.36, 31.48, 24.86, 27.26, 12.65, 35.43, 39.39, 41.77
1280    DATA   33.6, 67.77, 31.57, 35.71, 35.31, 28.94, 34.6, 34
1290    DATA   48.17, 31.85, 31.82, 29.96, 15.49, 22.56, 11.32, 15.57
1300    DATA   6.99, 23.73, 19.37, 6.1, 16.53, 11.8, 50.56, 13.38
1310    DATA   17.4, 5.78, 17.35, 16.16, 21.08, 45.5, 18.64, 17.56
1320    DATA   16.64, 19.97, 15.59, 17.1, 12.68, 15.8, 18.02, 16.47
1330    DATA   17.69, 18.67, 16.68, 39.34, 14.53, 16.44, 15.44, 14.31
1340    DATA   16.84, 12.33, 100, 100, 100, 20.06, 18.52, 18.07
1350    DATA   17.96, 21.67, 16.24, 16.42, 16.83, 16.98, 17.36, 16.66
1360    DATA   25.41, 15.63, 14.44, 15.1, 14.53, 17.76, 13.85, 31.45
1370    DATA   12.85, 14.44, 14.68, 3.83, 11.33, 10.22, 30.83, 12.73
1380    DATA   12.87, 14.28, 13.72, 14.39, 16.76, 39.9, 13.67, 12.79
1390    DATA   14.86, 10.57, 16.36, 15.5, 34.71, 10.26, 10.41, 13.81
1400    DATA   8.71, 12.11, 11.67, 23.71, 11.27, 13.03, 11.15, 10.75
1410    DATA   11.87, 12.12, 17.63, 5.63, 6.99, 10.02, 8.17, 5.68
1420    DATA   9.13, 19.17, 8.13, 7.79, 6.91, 7.63, 8.85, 8.53
1430    DATA   20.46, 7.79, 7.71, 6.03, 6.7, 7.52, 7.73, 16.47
1440    DATA   8.5, 12.13, 8.15, 6.01, 7.07, 8.13, 14.93, 6.4
1450    DATA   5.91, 6.91, 7.83, 7.06, 7.88, 10.38
9999    END
```

6. 一九七八年北海公园
   日游人变化曲线数据
   单位:千人

```
1000  DATA  65.5, 18.89, 5.4, 5.84, 6.56, 4.79, 12.89, 6.16
1010  DATA  9.13, 5.89, 6.32, 6.5, 6.78, 15.33, 7.7, 8.85
1020  DATA  6.05, 7.39, 10.15, 4.94, 10.66, 12.32, 9.52, 9
1030  DATA  10.29, 6.69, 8.76, 54.88, 100, 100, 32.11, 12.72
1040  DATA  9.37, 12.31, 17.87, 7.1, 14.26, 16.64, 13.76, 14.01
1050  DATA  12.21, 23.94, 11.42, 8.95, 13.83, 11.05, 3.25, 10.8
1060  DATA  28.38, 8.7, 12.2, 5.7, 7.35, 15.04, 13.29, 22.12
1070  DATA  8.11, 6.96, 6.65, 10.39, 11.23, 13.46, 22.25, 9.44
1080  DATA  11.95, 12.51, 11.03, 8.68, 10.12, 28.96, 8.65, 9.39
1090  DATA  11.2, 11.61, 9.59, 11.83, 43.46, 10.39, 13.36, 8.44
1100  DATA  8.12, 9.3, 10.67, 29.55, 14.55, 14.31, 13.88, 9.38
1110  DATA  16.17, 15.25, 25.65, 11.11, 17.13, 15.24, 15.15, 7.57
1120  DATA  26.1, 28.56, 14.81, 18.66, 14.35, 1.69, 10.55, 23.93
1130  DATA  46.95, 18.72, 17.72, 22.74, 20.17, 25.37, 27.04, 33.14
1140  DATA  22.5, 19.25, 4.09, 23.3, 18.04, 20.21, 24.24, 28.33
1150  DATA  100, 100, 22.93, 11.26, 10.49, 56.72, 20.14, 23.33
1160  DATA  20.59, 24.79, 23.06, 26.41, 52.84, 16.23, 14.42, 12.74
1170  DATA  21.61, 17.32, 23.85, 44.69, 17.73, 15.84, 15.72, 16.98
1180  DATA  17.6, 16.86, 38.51, 13.84, 16.77, 16.01, 15.01, 20.46
1190  DATA  16.28, 38.23, 14.65, 10.61, 13.33, 18.43, 15.81, 17.39
1200  DATA  39.02, 17.43, 17.18, 14.42, 16.53, 15.07, 17.31, 33.96
1210  DATA  13.74, 5.71, 11.54, 15.34, 14.96, 16.17, 9.51, 9.09
1220  DATA  11.85, 13.67, 16.61, 15.99, 15.32, 34.21, 14.97, 8.71
1230  DATA  15.56, 15.25, 22.4, 18.74, 32.02, 17.37, 15.59, 18.56
1240  DATA  10.83, 19.49, 22.68, 45, 24.08, 23.84, 9.69, 11.83
1250  DATA  28.99, 28.64, 39.05, 24.32, 17.72, 25.64, 25.9, 22.21
1260  DATA  20.67, 40, 28.7, 29.46, 43.83, 36.97, 18.81, 29.99
1270  DATA  59.54, 36.09, 36.24, 33.42, 31.93, 26.95, 15.8, 9.85
1280  DATA  10.25, 11.92, 7.76, 32.35, 43.5, 41.17, 65.8, 38.22
1290  DATA  34.25, 32.47, 27.6, 38.58, 33.51, 39.89, 37.6, 30.5
1300  DATA  34.03, 30.2, 26.58, 26.5, 57.39, 30.38, 23.67, 17.38
1310  DATA  16.23, 19.07, 18.53, 39.08, 23.22, 16.02, 14.23, 17.84
1320  DATA  19.7, 21.72, 47.76, 19, 19.9, 20.96, 15.19, 17.68
1330  DATA  15.76, 35.34, 15.57, 14.84, 16.53, 16.34, 15.18, 15.45
1340  DATA  17.73, 100, 100, 77.08, 16.43, 17.39, 18.91, 35.24
1350  DATA  14.51, 15.93, 14.9, 14.66, 14.8, 13.68, 35.21, 12.46
1360  DATA  7.78, 15.77, 16.55, 16.3, 10.17, 27.94, 12.9, 15.86
1370  DATA  13.75, 15.33, 14.55, 16.99, 26.46, 13.61, 10.47, 13.3
1380  DATA  9.43, 12.6, 10.16, 16.46, 9.08, 12.12, 11.31, 11.71
1390  DATA  10.11, 6.7, 20.07, 2.62, 5.13, 6.61, 7.11, 6.27
1400  DATA  6.71, 14.43, 7.01, 9.34, 7.22, 4.42, 7.86, 9.15
1410  DATA  19.68, 7.21, 9.66, 8.05, 9.73, 10.7, 11.12, 26.77
1420  DATA  7.56, 8.69, 9.31, 8.33, 8.14, 8.48, 15.06, 7.72
1430  DATA  5.01, 7.08, 5.2, 6.29, 7.15, 15.33, 5.95, 6.2
1440  DATA  5.88, 5.64, 6.85, 5.4, 9.37, 3.93, 5.83, 5.05
1450  DATA  6.2, 6.52, 8.02, 5.93, 9.02
```

7. 一九七九年北海公园
   日游人变化曲线数据
   单位:千人

```
1000    DATA    82.5, 21.97, 5.18, 6.49, 7, 8.98, 6.41, 7.32
1010    DATA    7.34, 8.13, 6.98, 9.72, 1.94, 6.7, 9.47, 9.08
1020    DATA    7.93, 8.74, 9.37, 14.16, 13.25, 8.23, 8.89, 8.72
1030    DATA    13.02, 14.32, 6.76, 11.09, 5.13, 6.77, 6.18, 10.66
1040    DATA    9.43, 9.46, 4.91, 5.57, 7.11, 8.25, 6.92, 13.81
1050    DATA    12.33, 11.55, 8.25, 9.46, 7.5, 7.26, 40.24, 51.05
1060    DATA    45.75, 20.52, 17.76, 12.25, 13, 10.38, 20.32, 9.58
1070    DATA    11.02, 9.57, 10.4, 6.91, 11.3, 26.97, 10, 7.46
1080    DATA    9.72, 10.37, 11.41, 6.1, 10.2, 8.21, 7.11, 7.56
1090    DATA    5.15, 8.95, 11.42, 29.58, 7.83, 6.86, 8.53, 9.95
1100    DATA    9.37, 8.48, 21.46, 9.16, 8.02, 14.04, 12.75, 14.32
1110    DATA    10.61, 20.01, 9.81, 11.5, 11.47, 15.33, 10.2, 14.54
1120    DATA    28.19, 4.84, 15.7, 12.94, 13.6, 23.52, 18.97, 35.5
1130    DATA    14.51, 19.22, 16.38, 16.59, 16.7, 15.34, 20.03, 19.67
1140    DATA    20.38, 21.74, 21.75, 27.34, 19.82, 31.98, 21.66, 23.27
1150    DATA    23.44, 100, 100, 21.92, 24.1, 15.95, 20.65, 18.1
1160    DATA    19.1, 19.95, 22.87, 5.19, 16.08, 15.59, 16.61, 14.81
1170    DATA    17.66, 11.47, 49.24, 19.29, 19.09, 20.54, 16.15, 17.91
1180    DATA    19.21, 13.05, 16.73, 17.92, 15.23, 14.63, 19.98, 18.37
1190    DATA    29.73, 18.98, 19.4, 19.33, 16.46, 10.47, 17.64, 44.87
1200    DATA    14.4, 15.21, 16.26, 18.1, 17.99, 19.29, 33.89, 13.23
1210    DATA    15.37, 17.92, 15.16, 16.61, 17.09, 31.66, 13.86, 13.43
1220    DATA    15.85, 16.47, 16.81, 17.13, 10.85, 14.33, 16.81, 12.95
1230    DATA    15.48, 17.72, 16.47, 34.37, 19.9, 20.71, 19.52, 21.14
1240    DATA    19.71, 19.79, 37.45, 18.43, 20.45, 20.84, 25.27, 26.42
1250    DATA    27.53, 42.71, 25.88, 27.8, 30.46, 17.72, 34.98, 26.79
1260    DATA    48.3, 29, 29.36, 29.3, 25.52, 50.75, 33.49, 38.91
1270    DATA    26.56, 35.59, 34.41, 34.36, 27.79, 32.31, 43.51, 15.31
1280    DATA    25.21, 37.55, 33.7, 34.5, 16.8, 53.43, 30.95, 35.44
1290    DATA    33.66, 30.8, 35.6, 29.6, 53.03, 26.4, 30.8, 15.75
1300    DATA    10, 27.95, 24.9, 49.48, 14.75, 18.41, 15.53, 17.76
1310    DATA    18.13, 15.09, 36.95, 17.61, 16.69, 16.51, 15.45, 15.58
1320    DATA    18.02, 24.36, 11.44, 18.02, 15.49, 17.1, 13.46, 17.25
1330    DATA    33.53, 13.48, 12.39, 17.83, 10, 17.56, 29.19, 27.22
1340    DATA    14.37, 22.5, 100, 100, 36.4, 16.97, 33.42, 14.07
1350    DATA    14.49, 13.92, 14.88, 10.38, 11.51, 8.45, 14.9, 18.29
1360    DATA    17.74, 12.07, 13.74, 21.49, 32.77, 15.43, 15.44, 14.16
1370    DATA    12.2, 2.75, 9.83, 23.44, 12.18, 11.95, 13.5, 12.91
1380    DATA    13.21, 12.95, 35.69, 12.3, 9.01, 10.21, 14.54, 16.84
1390    DATA    11.53, 30.65, 12.06, 10.04, 9.84, 13.03, 11.32, 14.89
1400    DATA    36.37, 11.67, 12.74, 13.96, 12.59, 11.73, 14.51, 26.25
1410    DATA    11.96, 11.93, 10.53, 12.35, 12.15, 13.44, 24.14, 7.82
1420    DATA    5.94, 3.93, 5.79, 9.71, 7.84, 18.42, 8.41, 10.54
1430    DATA    9.31, 6.11, 6.35, 7.26, 13.95, 6.75, 6.55, 5.7
1440    DATA    7.95, 9.18, 7.82, 16.6, 4.95, 6.6, 6.45, 5.18
1450    DATA    6.44, 7.38, 14.75, 5.44, 7.23, 5.57
```

8. 一九八〇年北海公园
日游人变化曲线数据
单位:千人

```
10        DIM M[13],Y[367],Z[367]
20        LET X=400
30        LET Y=200
40        LET Y1= 0
50        LET A=1
60        LET X1= 0
65        LET S=365
70        FOR N=1 TO 12
80        READ M[N]
90        NEXT N
100       DATA  31, 29, 31, 30, 31, 30, 31, 31, 30, 31, 30, 31
110       PLOT 4,20,50
130       PLOT 2,X, 0
140       PLOT 2,X,Y
150       PLOT 2, 0,Y
160       PLOT 2, 0, 0
170       FOR N=1 TO 26
180       PLOT 2,(X1+(N-1)*14)*X/(S-1), 0
190       PLOT 2,(X1+(N-1)*14)*X/(S-1),Y
200       PLOT 2,(X1+7+(N-1)*14)*X/(S-1),Y
210       PLOT 2,(X1+7+(N-1)*14)*X/(S-1), 0
240       NEXT N
250       PLOT  0, 0, 0
270       FOR N= 0 TO Y/(20*A)-1
280       PLOT 2, 0,(N+.5)*20
290       PLOT 2,X,(N+.5)*20
300       PLOT 2,X,(N+1)*20
310       PLOT 2, 0,(N+1)*20
315       NEXT N
320       PLOT  0, 0, 0
340       LET I=1
350       FOR N=1 TO S
360       READ Y[N]
370       NEXT N
380       LET Y[ 0]= 0
390       FOR N=1 TO S
410       LET E=Y[N]*10/5
420       IF N=1 GOTO  450
430       PLOT I,(N-1)*X/(S-1),E
440       GOTO  460
450       PLOT  0, 0,E
460       NEXT N
465       PLOT  0, 0, 0
```

9. 一九七八年北海公园
日游人变化曲线程序

后记

明年2015年是我们清华大学建五班毕业五十周年。在同班好友忠朝的鼓励下，我整理了三本小集，影印出版，以飨亲友。一名：朝华夕拾集，即国美笔记，是我在清华本科六年，研究生三年的课堂笔记。二名：金鳌玉蛛集，即我的硕士论文，金鳌玉蛛桥为北海和中南海之间的桥梁。三名：蓟门烟树集，是我的诗文、速写、水彩画集。

本名为同班好友马国馨院士所题，马院士为北京市建筑设计院总建筑师。我1979至1982年在清华读研时，他东渡日本，师从丹下健三。他说我是二进宫。我说他的书法，兼工行草，又具篆意，堪称马派，独树一帜。我班女建筑师吴亭莉03年有一首赠马院士"诗：招牌马国馨，誉多不压身，疑君有二脑，才智感过人。在此奉和一首，以表谢意："班首院士马，馨香溢京华，豪爽又仗义，亲朋诚天下。孝悌继齐鲁，翁婿一枝花，家有贤内助，孙儿一生俩。

序为同班好友忠朝所作。忠朝为北京核二院总建筑师，出身上海编辑世家，是我班的"书记"。名著有"建五班为什么这么好。"请允许我仍引用吴亭莉同窗的诗："赠忠朝学友"忠朝不赶潮，核中站斗志，东西复南北，车辙与萧萧。"奉和如下："忠朝不显老，古稀能飙驰，文章又治印，弓箭常在腰。"在此对诸位同窗学友表示感谢。

我的生平：1941年2月5日，即辛巳年乙月初十，晨九点，我生于北京东城镜粮胡同3号，即现在的东城区政府办公楼，西侧。六岁上小学，即东四清真寺西侧的喇叭胡同小学，读到三年级；1949年因儒芳园澡塘经营不善，全家返乡，回到河北宝兴县百楼村读四年级，1951至1952年在南旺完小读五、六年级，1952至1956年在宝兴初中读了三年初中，1956至1959年在北京四中读了高中三年，1959到1965年在清华大学建筑系读建筑学专业，本科六年，梁思成先生为系主任，吴良镛、汪坦先生为副系主任。1965至1970年在建材部北京水泥设计院工作，1970至1979年单位搬迁下放至邯郸水泥工业设计所搞设计。1979至1982年考入清华大学建筑系建筑学专业读研究生，师从朱自煊先生，论文题目是《北京六海的过去、现在与未来》。1982至1988年在天津水泥工业设计院搞设计，1988至2001年调至北京冶金部建筑研究总院任高级建筑师和副总建筑师。退休后返聘到中国工商银行营业办公楼工程指挥部任总工。其中2004至2005年在中国银监会大楼也任专家组长。2006年12月至2010年10月在中国工商银行总行二期工程指挥部任总工。2010年11月至2013年在北京泰德制药公司二期项目组任总工。2014年在中冶建筑设计院任顾问总工。

我做的设计与工程：贵州水城水泥厂、山东鲁南水泥厂、非洲卢旺达水泥厂；新加坡PSA工程；柬埔寨金边毛泽东大道工程；上海宝钢三期工程指挥部；南京解放军国际关系学院2000座礼堂；邯郸峰峰邮政大楼；中国工商银行营业办公楼总行一、二期工程；北京中日友好老龄康复中心、北京泰德制药二期工程，等。

与境外的设计公司合作的工程：美国SOM公司（工总行一期），美国PPA公司（工行二期，由贝聿铭长子贝建中及吴伦之等人设计）。美国克林斯塔宾斯公司（泰德制药二期，马笑游等），美国F.S公司（江苏淮安西游记主题文化公园工程）。

我的家庭和亲友：祖父田鹤年，出身粮商。父亲田世芳，1937年被土匪绑票，赎回后，全家迁至北京东四，儒芳园漂塘任经理。母亲和淑菊，河北宝兴南章村人，出身书香，识文墨，通数理。父母已逝。叔父田世棣，90岁，西北民族学院教授，现居深圳。子：田国年，孙：省之，现居美国。大姑，马田氏，老姑，田淑贞已病逝。

妻：鱼慧娃，湖南桃江人，武工大毕业，给排水专业高工。长女，田悦，外孙女：田萱妮，现居西澳珀斯。二女田圻，现居北京。

我们连长班的诗人韩江陵 写了乡愁"和"乡梦"，我也奉和了二首，如下。"乡愁"和龙凤山人。乡愁啊！是故乡天上的云，远迎夕阳的余晖，坐见了壮士的狼牙山。乡愁啊！是老家地下的河，穿越了三千年的易水，听到了荆轲悲壮的歌。乡愁啊！是土路两旁的青纱帐，老陵在乡间的小道上，我们曾遇到过狼！乡愁啊！是故园的葡萄架，收获了秋天的硕果，盛惯了春天的鲜花；忘不了的乡愁，走过来，斩不断的乡愁在繁衍；忘不了的亲切乡音，斩不断的亲情思念；已经硕壮了的古木参天；些已拆完了的庙宇古建；还想见村上的暮暮炊烟，仍想吃家乡的薄饼美甜；虽已走过祖国的名山大川，也飞过欧美亚澳的古屋新建；仍然想叶落归根，长眠于父母身边；若不能如愿以偿，就把身心全部捐献！

　　"梦乡"奉和龙凤山人"乡梦"。我梦见故乡的山，翻越了紫荆关的十八盘，穿过了巍峨的太行，坐见了五台、佛光的云烟。我梦见了故乡的水，夏季暴雨带来了山洪，冬天瑞雪又封闭了拒马河，我从独木小桥上走过。我梦见故乡的云，云端里布谷鸟在唱歌，它催促春牧三抢的农民，"老头儿喝口"丰收的快乐。我梦见故乡的庄园，东西券门上铭刻着："和为贵"，居仁由义和益寿延年。我梦见故乡的青纱帐，用镰刀割下了黝黝的黑豆，用小镐刨倒了红红的高粱。用汗水收获了玉米的金黄。我梦见了故乡的鸡鸣，黎明即起，洒扫庭院，漫漫冬夜的狗吠，缕缕长夏的蝉声。梦乡啊！一枕黄粱的故乡梦，几十年悠悠的还乡路，走丢了一个调皮的少年，归来了一个古稀的老翁。梦乡的乡梦，我的一个小小的梦想：宝兴县会会振兴，贤寓乡和谐宜居，百楼村，会有百户楼房。

　　我奋斗拼活了八十年，倘能生存，仍是奋斗。我的遗嘱是：死后不开追悼会，骨灰一半撒入大海，一半装入石制花瓶，埋入祖坟。建筑书给建筑人，文史书给二女儿，国学及字画给女和田蕙妮。遗产尚给老伴和三个女儿。明天阴历五月廿九日是我母亲103岁冥寿，以此记念！

田国英

2014年6月25日

图书在版编目(CIP)数据

金鳌玉蝀集 / 田国英著. — 北京:中国建筑工业出版社,2015.4

ISBN 978-7-112-17889-6

Ⅰ.①金⋯ Ⅱ.①田⋯ Ⅲ.①城市 – 理水(园林)– 景观规划 – 北京市 – 文集 Ⅳ.①TU986.4 – 53

中国版本图书馆CIP数据核字(2015)第047646号

责任编辑:张惠珍 率 琦
书籍设计:张悟静
责任校对:李美娜 陈晶晶
封面题字:马国馨

金鳌玉蝀集
田国英 著
*
中国建筑工业出版社出版、发行(北京西郊百万庄)
各地新华书店、建筑书店经销
北京圣彩虹制版印刷技术有限公司制版
北京圣彩虹制版印刷技术有限公司印刷
*
开本:965 × 1270毫米 1/16 印张:8 字数:200千字
2015年4月第一版 2015年4月第一次印刷
定价:**50.00**元
ISBN 978-7-112-17889-6
　　　(27139)